インプレスR&D [NextPublishing]

技術の泉 SERIES

E-Book / Print Book

Pragmatic Opal

Rubyで作るブラウザアプリケーション開発ガイド

大崎 瑶 著

Rubyで書ける!
Opalでひろがる
ブラウザアプリ開発の世界

An impress Group Company

目次

はじめに

2017年9月、RubyKaigi2017というカンファレンスが広島で行われました。私はRubyKaigi2017で、「dRuby on Browser」というトークをしました。dRubyはRubyの分散オブジェクトのライブラリで、Rubyの動的な特性を活かしてインタフェースの記述を必要としない、というすばらしい特徴を持っています。私はdRubyはほんとうにすばらしいと思うので、最近自分が“はまっている”Opalにいい感じに応用できないかなと思い、ブラウザで動くdRubyの実装をOpalで作りました。

RubyKaigiには実は2015年と2016年にもトークしていて、いずれもOpalの話題でお話しました。それぞれ「Writing web application in Ruby」、「Isomorphic web programming in Ruby」というタイトルです。いずれも主に私自身で作ったgem（ライブラリ）を紹介したものです。これらのライブラリについては3章「実践Opal」で解説します。

私がRubyKaigiでトークするようになったのは、当時同僚だったRubyKaigiのチーフオーガナイザーの@amatsudaさんから『女性の登壇者が少ないので登壇してほしい』と言われたことが始まりでした。(念のため書いておきますが、それはシード枠があった訳ではなく正規の枠でCFPを出してほしいという意味でした。)

何か話をしてほしいと言われても、RubyKaigiで話すネタなど当然なかったわけです(特に当時は転職しばかりでRubyistになって1年くらいだったのです)。またOpalは触ったことすらなく、名前くらいは知っていたという状況でしたが、何かネタを作らなければならないということで、当時ちょうどReactがブームになっていたのでVirtual DOMの実装をOpalで作りはじめました。まさにRubyKaigiで発表するためというモチベーションで始めた開発でした。(Kaigi駆動開発なんて呼んでいます。)

そのときは趣味のプログラムを書くためにOpalを使うという話をしていました。あれから3年、RubyKaigiではお馴染みのOpalトークということで安定のポジションを得ることができました。そろそろ趣味のプログラムではなく、実用的なツールとしてOpalが使われると良いな、と思うようになってきました。

……しかし3年間の活動の甲斐もなく、Opal自体はいまだにマイナーな存在のままです。

そこで、少しずつですがOpalを使ってもらえるようにする活動を開始しました。そのひとつとしてQiitaのアドベントカレンダーにOpalの記事を書きました。もっと沢山のひとに記事を寄稿してもらえるといいなって思ったのですが、実際には記事を書いたのは私と@yharaさんだけでした。とはいえ、このこと自体はOpalの現状をまとめる良い機会だったと思います。

そういうわけでアドベントカレンダーのために大量に書いた記事がありましたので、2017年10月の技術書典3の開催を機に書籍にまとめようということで書いたのが本書です。技術書典にて同人誌として産声を上げた本書ですが、この度、インプレスR&Dから技術書典シリーズの1冊として商業版が出版される運びとなりました。3年間のKaigi駆動開発で蓄積されたノウハウと成果を集大成としてこの本に込めました。お楽しみにいただいて、出来ればOpalを実際に使ってもらえるようになったらうれしいなと思います。

謝辞

この本を執筆することができたのはひとえにRubyKaigiに誘ってくださり、その後もRubyやオープンソースなどの技術面でいろいろな相談に乗ってくださった、松田明さんのおかげでした。またRubyを愛する仲間として、いつも共に切磋琢磨してきたAsakusa.rbの仲間達やRubyistのみなさんからも多くの刺激をもらいました。同じOpalファンとしてアドベントカレンダーにも投稿してくださり、この本にも寄稿をいただいたyharaさんには感謝の気持ちでいっぱいです。この本を書くきっかけとなったのは技術書典でした。技術書典スタッフのみなさんの働きがなければ、あのような素晴らしいイベントはなし得なかったでしょう。そして、商業出版にあたり、この本を選んでくださったインプレスR&Dの山城敬さんの存在は欠かせません。このように多くのひとたちに支えられて、この本を出版できることに感謝を捧げます。最後に、つねに精神的な支えとなっている家族に感謝の気持ちを表します。

ソースコードとサポート

本書に掲載されたソースコードと、正誤表などのサポートは以下のURLを参照ください。

https://github.com/youchan/pragmatic-opal-sample-codes

表記関係について

本書に記載されている会社名、製品名などは、一般に各社の登録商標または商標、商品名です。会社名、製品名については、本文中では©、®、™マークなどは表示していません。

免責事項

本書に記載された内容は、情報の提供のみを目的としています。したがって、本書を用いた開発、製作、運用は、必ずご自身の責任と判断によって行ってください。これらの情報による開発、製作、運用の結果について、著者はいかなる責任も負いません。

底本について

本書籍は、技術系同人誌即売会「技術書典3」で頒布されたものを底本としています。

この本について

この本の対象読者はRubyに限らずプログラミングを嗜むみなさんです。ただし、Webに関する技術的なバックボーンはあったほうが良いでしょう。つまりWebプログラマということになります。(あまり知らなくても、深くつっこんだ話題はないので安心してください。)

またRubyに関して、コマンドなどの扱いは注意深く書いたつもりですが、Rubyそのものの文法や標準ライブラリについては説明を省いています。これについてはリファレンスマニュアルや他の情報で補ってください。

なによりも、Webアプリケーションをつくりたい!とか、Opalってなんだろう?つかってみたい!といった、そういった興味、好奇心が必要でしょう。

この本の構成は以下のようになっています。

1章「Opal入門」

はじめてOpalを触るプログラマに向けた導入部です。インストールからWebアプリケーション開発をはじめる準備までを扱っています。

2章「Opal応用編」

本格的なWebアプリケーションの開発の前に、OpalからJavaScriptのAPIの呼び出し方からgemのつくりかたまで学びます。

3章「実践Opal」

実際にWebアプリケーション開発を行います。作るのは簡単なTODOリストのようなものでとても実用的なものではありませんが、OpalをつかったWebアプリケーション開発の基礎を学びます。

4章「Opalの活用事例」

筆者が作ったプレゼンテーションツール「Gibier」と、「ICFPCビジュアライザ」を紹介します。「ICFPCビジュアライザ」については、@yharaさんに寄稿いただきました。

第1章　Opal入門

本章は、Opalをはじめて触るひとでもOpalでWebアプリケーションを作りはじめるためのチュートリアルです。Opalとは何なのか？Opalのインストール方法、Webアプリケーション開発のはじめ方を知ることができます。

それではみなさんOpalでWebアプリケーション開発を始めましょう！！

1.1　Opalって何？

OpalはRubyのソースコードからJavaScriptのソースコードへの変換を行うソースコードコンパイラ（トランスパイラという呼びかたもあります）です。Rubyは、まつもとゆきひろさんが作ったオブジェクト指向のプログラミング言語です。今では有名になったのでみなさん御存じですよね？

JavaScriptももはや説明の必要はあまりないと思いますが、主にWebブラウザで動くスクリプト言語です。

つまり、OpalをつかうことでRubyで書いたプログラムをWebブラウザで実行することができるのです。

図1.1: Opalとは

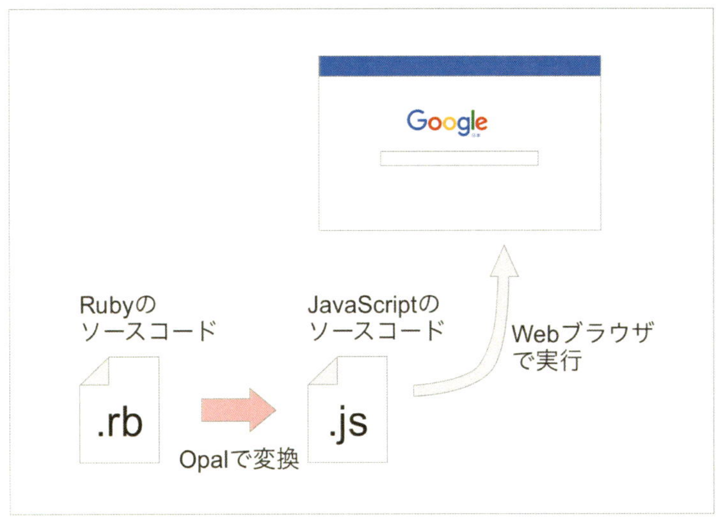

Rubyでソースコードを書けると言っても、もちろんMRI（いわゆるCRuby）と厳密に同じではありません。特に標準ライブラリにいくつかの違いがあります。大きな違いについてだけ

以下に列挙します。

プリミティブな型

Opalでは文字列型（String）や数値型（Number）などJavaScriptにあるプリミティブな型については、Rubyの対応するクラスのオブジェクトとしてJavaScript上の値をそのまま対応づけています。このことは、JavaScriptの値における制約をRuby側でも受けることを意味しています。具体的には、String型はイミュータブルすので、`upcase!`のような破壊的なメソッドを呼びだすことができません。また、Number型は内部的に倍精度の浮動小数点数ですので、Integerとして扱いたいときに問題がでますし、Bignumのような大きな精度の値を表現できません。

Symbolクラス

OpalではSymbolクラスの値もString型の値として扱います。

IOライブラリ

ブラウザ上で実行することを前提としていますので、Rubyの標準ライブラリにあってOpalの標準ライブラリとして実現できないものが存在します。その代表的なものがファイルIOです。OpalはNodeでも実行できますが、Nodeの為にRubyの標準ライブラリのファイルIOの機能を用意してはいません。NodeはノンブロッキングIOであることが大きな理由です。

非同期通信

ブラウザでは、UIの動きを止めてしまわないように通信処理は非同期でなければなりません。MRIではそのような制約がありませんが、Opalではブラウザの制約を受けることから、すべて非同期通信となります。

正規表現

正規表現もJavaScriptの正規表現の処理を使って行われるため、Rubyの正規表現とは違うものになります。なるべく近づけるようにしているようですが差異はあります。

これらは筆者が“これは大きな違いだ”と思う相違の一部です。他にも違いは存在しますが、私はあまり意識せずにプログラミングできましたので、心配しなくても大丈夫です！

MRIもしくはCRuby

MRIというのはMatz Implemented Rubyの略で、C言語でつくられたいわゆるCRubyのことです。これは最初にまつもとゆきひろさん(Matz)が実装したRubyということで、そのように呼ばれています。

Rubyにはその他にJavaで実装されたJRubyやRuby自身で実装されたRubiniusなどもあります。もちろん、Opalもその仲間のひとつです。

1.2 How to Install

それではOpalをインストールしてみましょう。と言ってもOpalはRubyのプログラムです。

Rubyにはgemという仕組みでRubyのプログラムを簡単にインストールする方法が用意されています。まずはRubyのインストールをしましょう。

Rubyのインストールは環境毎にいろいろありますが、Rubyのバージョンを複数インストールできて、切り換えてつかえるrbenvをお勧めします。ただし、rbenvはWindowsでは使えませんし、私自身もWindowsでは試す環境を持ち合わせていませんのでMacOSやLinuxを前提に話をすすめます。

rbenvをインストールする手段も複数あります。例えばMacOSでは、homebrewを使ってインストールすることもできます。そういったOSに標準の方法でインストールするのもよいでしょう。しかしここではもっとも汎用的な方法でインストールします。それは、以下のように`git clone`するだけです。

```
$ git clone https://github.com/rbenv/rbenv.git ~/.rbenv
$ git clone https://github.com/rbenv/ruby-build.git
~/.rbenv/plugins/ruby-build
```

そしてシェルに設定を追加します。以下はbashの場合の設定です。

```
$ echo 'export PATH="$HOME/.rbenv/bin:$PATH"' >> ~/.bash_profile
 $echo 'eval "$(rbenv init -)"' >> ~/.bash_profile
```

bash以外のシェルでも同様です。書き込む先の設定ファイルが違うことくらいでしょう。

シェルの設定を読み込んで準備ができたら、Rubyをインストールしましょう。この本の執筆時点でRubyの最新バージョンは2.5.0ですのでそれをインストールします。

```
$ rbenv install 2.5.0
```

それでは最後にOpalをインストールしましょう。Rubyのライブラリなどのプログラムはgemという形式で作られています。gemをインストールするには下記のようなコマンドを実行します。

```
$ gem install opal
```

OpalがインストールできたらOpalを使ってみましょう。まずはREPL[1]です。Opalにはopal-replというプログラムが付属しています。MRIでいうirbのようなものです。

1.REPLとはRead-eval-print loopの略で、コンソールから対話的にプログラムを実行することができる環境です。MRIにはirbというREPLが標準で添付されています。

```
$ opal-repl
```

この時に

```
opal-repl depends on therubyracer gem, which is not currently
installed
```

というエラーが出たら、therubyracerもインストールしてください。

```
$ gem install therubyracer
```

opal-replが起動すればインストールは完了です。
コマンドラインからRubyのコマンドをいくつか実行してみましょう。

```
>> puts "Hello world"
Hello world
=> nil
>> ary = []
=> []
>> ary << 'Hello'
=> ["Hello"]
>> ary << 'world'
=> ["Hello", "world"]
>> ary.join ' '
=> "Hello world"
```

最後にこのあとでつかうbundlerもインストールしておきましょう。bundlerについては後ほど説明します。

```
$ bundle install bundler
```

1.3 OpalでWebアプリケーションをつくろう

最初に説明したとおり、Opalはブラウザで動くプログラムを書くことが出来ます。いよいよここからはOpalで実際にWebアプリケーションを作る方法についてみていきましょう。

まずは公式サイトにRackで動かすチュートリアルがありますので、それに沿ってうごかしてみましょう。(http://opalrb.org/#getting-started-rack-and-sprockets)

チュートリアルのとおり以下のファイルを作成します。

Gemfile

```
gem 'rack'
gem 'opal-sprockets'
```

config.ru

```
require 'opal-sprockets'

run Opal::Server.new { |server|
  server.main = 'application'
  server.append_path 'app'
}
```

app/hello_world.js.rb

```
require 'opal'
require 'native'
$$.alert 'Hello World from Opal!'
```

サーバーを起動します。

まずbundle installしてから、Rackアプリケーションですのでrackupコマンドで起動します。

```
$ bundle install
$ bundle exec rackup
```

サーバーが起動したら、http://localhost:9292へアクセスしてみましょう。するとエラーになりますね。どうやらファイル名が間違っているようです。

app/hello_world.js.rb→app/application.rbにリネームしてサーバーを再起動しましょう。ブラウザをリロードするとアラートが表示されました。

このままではHTMLがありません。Webアプリケーションをつくるのですから HTMLファイルが必要です。HTMLファイルを置きたいときにはindex_pathを追加してERBファイルを作りますが、ここではちょっとアレンジしてHamlで書くことにします。

ERB or Haml?

ERBもHamlもテンプレートエンジンあるいはその記法です。

ERBは実はHTMLファイルに特化しているわけではなく、汎用的なテンプレートエンジンでルールもシンプルです。

細かい点を除くと、<% ... %>で囲まれた中のRubyのコードが実行されるということと、

<%= ... %>で囲まれた中のRubyコードが実行されその結果が文字列として埋めこまれるということの2つのルールしかありません。
一方、HamlはHTMLに特化しています。記法もHTMLに特化していて、%h1のように書けば、<h1>要素が生成されるし、.hogeのように書けば、<div class='hoge'>のように<div>要素にclass属性がついたものという具合です。
またHamlはタグの入れ子構造をインデントで表していて、閉じタグが必要ないため、HTMLを書くときのような面倒もなくタイプ量も少なくすむように工夫されています。
筆者はHTMLを生成するためだったら、ERBよりもHamlのほうが優れていると思っています。しかしそれは好みの問題かもしれませんね。

Hamlをつかえるようにするため Gemfile に gem 'haml' という行を追加してください。

先程から出てきているこの Gemfile はアプリケーションに必要な gem を書いておいて、gem をまとめてインストールするものです。アプリケーションの依存する gem を管理するためにこのようにします。

Gemfile は bundler というツールから読まれます。bundle というコマンドは bundler のコマンドだったのです。

また、config.ru というファイルは Rack のエントリポイントです。rackup というコマンドは config.ru というファイルを読みこんで Web サーバーを起動します。

index.haml を index.html として表示するために config.ru には以下のように server.index_path = index.haml という行を追加します。

config.ru

```
require 'opal-sprockets'

run Opal::Server.new { |server|
  server.main = 'application'
  server.append_path 'app'
  server.index_path = 'index.haml'
}
```

index.haml

```
!!!
%head
  %title Hello world
%body
  %h1 Hello world
  = javascript_include_tag @server.main
```

どうでしょうか？ Hello world とページに表示されたでしょうか？

1.4 Sinatraアプリとして動かす

本格的なWebアプリケーションを作るには、Opalの組み込みサーバーだけでは少々役不足です。Railsに組み込んで使うという方法もありますが、ここではもうすこしライトにSinatraで始める方法でいきましょう。

Sinatra

Sinatraは Rubyの軽量なWebアプリケーションフレームワークです。

RubyでWebアプリケーションというとRailsがよく使われますがRailsはフルスタックで"魔術的"なので、やるべきことがシンプルに分かりやすいようにSinatraを本書では採用しています。

OpalをRailsで使うには`opal-rails`というgemもありますので、そちらをつかってみてください。

OpalをSinatraで動かす例はOpalのリポジトリにあります。

https://github.com/opal/opal/tree/master/examples/sinatra

リポジトリにある例に倣って`config.ru`を書きかえます。

config.ru

```
require 'opal-sprockets'
require 'sinatra'

opal = Opal::Server.new { |server|
  server.main = 'application'
  server.append_path 'app'
  server.index_path = 'index.haml'
}

sprockets   = opal.sprockets
prefix      = '/assets'
maps_prefix = '/__OPAL_SOURCE_MAPS__'
maps_app    = Opal::SourceMapServer.new(sprockets, maps_prefix)

configure do
  set sprockets: sprockets
  set prefix: prefix
end

map maps_prefix do
  run maps_app
end
```

```
map prefix do  run sprockets
end

get '/' do
  haml :index
end

run Sinatra::Application
```

configureではindex.hamlの中で参照するための変数をsettingsに入れておきます。

index.hamlは以下のように修正して、JavaScriptのファイルを読みこむパスを指定します。

また、Sinatraではビューをviewsというディレクトリに置くきまりになっていますので、index.hamlをviewsの下に移動します。(紙面に合わせて適宜改行しています)

views/index.haml

```
!!!
%head
  %title Hello world
%body
  %h1 Hello world
  = ::Opal::Sprockets.javascript_include_tag('application',
                                              sprockets:
settings.sprockets,
                                              prefix: settings.prefix,
                                              debug: true)
```

Gemfileにも忘れずにgem 'sinatra'を追加しておきましょう。

サーバーを再起動してブラウザをリロードしてみましょう。どうでしょうか上手く動きましたか?

1.4.1 Silicaによるボイラープレートの生成

ここまでの作業をしていて、OpalでWebアプリケーションを作りはじめるのちょっと面倒だなって思いませんか？そう思ったあなたのためにSilicaというgemを作りました。

Silicaは実は拙作のHyaliteやMeniliteというライブラリ(あるいはフレームワーク)を利用するために作ったものですが、別に必ずつかわなければならないというものではありません。利用できるものは利用してしまいましょう。

しかも、本書では第3章でこれらのライブラリをつかった開発について解説します。つまり、すぐ開発を始められるツールがそろっているのです！

まずはSilicaのインストールです。いつもどおりに`gem install`しましょう。

```
$ gem install silica
```

Silicaはサブコマンド`new`で新しいプロジェクトを作ります。

```
$ silica new sample-app
```

sample-appというプロジェクトができました。プロジェクトが作られたら、`bundle install`して、サーバーを起動します。

```
$ cd sample-app
$ bundle install
$ bundle exec rackup
```

`http://localhost:9292`へアクセスしてみましょう。

図1.2: Welcome!!!

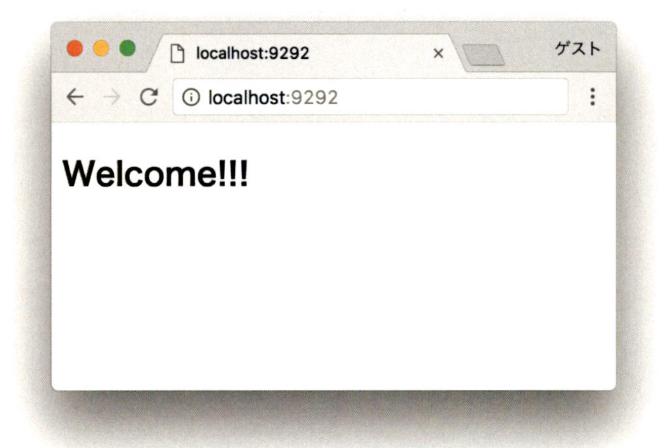

と表示されましたか？

コマンドを実行するだけですぐにWebアプリケーションをつくりはじめることができて便利ですね`:P`

第2章　Opal応用編

第1章では、OpalのWebアプリケーションの作りかたについて簡単に触れました。ここからは応用編です。といっても実用的なWebアプリケーションの制作は第3章まで一旦置いておいて、まずはOpalからJavaScriptのコードを呼びだす方法を知ることにしましょう。

それから自作のgemを作る方法を学びましょう。

しっかりついてきてくださいね。

2.1　OpalでJavaScriptのコードを呼びだしてみよう

OpalからJavaScriptを直接実行することができれば、プラットフォームやライブラリで提供されるAPIを呼びだすことができます。Opalで実用的なアプリケーションを書くためには、どうしてもJavaScriptを直接呼びだすことが必要になるシーンもあります。実際にOpalのために書かれたgemには、JavaScriptライブラリのバインディングが多くあります。

OpalからJavaScriptを呼びだすもっとも簡単な方法は、‘(バッククオート)で囲まれた中にJavaScriptのコードを書くことです。

例えば、

```
‘alert(’hello world’)‘
```

のように書きます。複数行あるような場合は%x記法[1]でも書けます。

```
%x(
  var str = ’hello world’;
  alert(str);
)
```

アラートだけではつまらないので、もうすこし実用的なプログラムにしましょう。Web Audioを使って音を鳴らす、なんでどうでしょう。

第1章で紹介したSilicaで作ったプロジェクトに埋めこんでみましょう。`app/application.rb`を以下のように書きかえます。

1.MRIではバッククオートで囲ったり、%x( )で囲った中のコードはシェルのコマンドとして実行されます。Opalではこの記法をJavaScriptを直接埋め込むことに使っています。

app/application.rb

```
require 'hyalite'
#require 'menilite'

class AppView
  include Hyalite::Component

  def play
    %x(
      var context = new AudioContext();
      var buffer = null;
      var source = context.createBufferSource();

      var request = new XMLHttpRequest();
      request.open('GET', 'assets/sounds/sample.mp3', true);
      request.responseType = 'arraybuffer';
      request.send();

      request.onload = function () {
        var res = request.response;
        context.decodeAudioData(res, function (buf) {
          source.buffer = buf;
        });
      };
      source.connect(context.destination);
      source.start(0);
    )
  end

  def render
    div(nil,
      h2(nil, 'Welcome Web Audio'),
      button({onClick: self.method(:play)}, 'Play')
    )
  end
end
Hyalite.render(Hyalite.create_element(AppView),
$document['.content'])
```

mp3ファイルをassets/soundsというディレクトリを作ったその下にsample.mp3という名前で置いてください。mp3ファイルはご自身でご用意くださいね。

Playボタンを押してみてください。サウンドが鳴りましたでしょうか？

さて、これでいつでもJavaScriptを実行できるので、Opalの上でなんでもできることになります。

しかし、せっかくRubyで書けるのに埋め込みのJavaScriptで埋めつくされるのも残念な感じです。JavaScriptからまたRubyに戻ってくる必要がありますね。そこでOpalには`Native`という機能が用意されています。

`require 'native'`して、`AudioContext`を以下のように作成します。

```
context = Native(`new AudioContext()`)
```

先ほど説明したとおり、`(バッククオート)で囲まれたところはJavaScriptのコードになります。

`Native()`は`Native::Object.new()`と同じ意味でNativeオブジェクトを作ることになります。NativeオブジェクトはRubyのメソッド呼び出しとしてJavaScriptのメソッドを呼びだすことができます。

```
source = context.createBufferSource
```

またJavaScriptのfunctionはRubyのProcオブジェクトやブロックで置きかえることができます。

```
  request.onload = Proc.new do
      ...
  end
```

このように、JavaScriptで作られたオブジェクトをNativeオブジェクトでRuby側で自由にあつかうことができるようになります。

`play`メソッドはつぎのように書きかえることができます。

```
def play
  context = Native(`new AudioContext()`)
  source = context.createBufferSource

  request = Native(`new XMLHttpRequest()`)
  request.open('GET', 'assets/sounds/sample.mp3', true)
  request.responseType = 'arraybuffer'
  request.send
```

```
    request.onload = Proc.new do
      res = request.response
      context.decodeAudioData(res) do |buf|
        source.buffer = buf
      end
    end
    source.connect(context.destination)
    source.start(0)
  end
```

どうでしょうか。サウンドは鳴りましたか？

このようにNativeを使えばJavaScriptのオブジェクトをラップすることができます。

2.2 Opalでgemをつくろう

これまでRubyやOpalを便利につかうためにgemと呼ばれるライブラリをインストールするシーンが何度かありましたね。今度は自分で便利なライブラリを作ってみることにしてみましょう。

先程使ったWeb Audio APIのバインディングを便利に扱えるgemを作ってみましょう。Opalから Web Audioを使うgemなので、opal-audioという名前にします。

まず以下のコマンドでgemの雛形を作成します。コマンドを実行する場所はどこでも良いですが、新しいディレクトリが作成されるので気をつけてくださいね。

```
$ bundle gem opal-audio
```

作られた雛形を見てみましょう。

```
$ cd opal-audio
$ ls
Gemfile             README.md           Rakefile            bin
lib                 opal-audio.gemspec spec
```

Gemfileファイルはおなじみのやつですね。それと、README.mdとRakefileがあります。Rakefileはrakeという Rubyのビルドツールのためのファイルです。

binはgemでコマンドを作るためのディレクトリです。libはソースコードが入ります。つまり、これから先は主にここに置くソースコードを書くプロセスになります。

opal-audio.gemspecはgemのメタ情報が記述されます。そして、specはテストのソースコードが入ります。

まずは、opal-audio.gemspecをこれから作るgemに合わせて修正します。
TODOになっている箇所は修正が必要な箇所です。（紙面に合わせて適宜改行しています）

```
  spec.summary        = %q{A Web Audio API bindings for Opal.}
  spec.description    = %q{This project is example of the book:
"Pragmatic Opal".}
  spec.homepage       = "https://github.com/youchan/pragmatic-opal"
```

summary、description、homepageなどは適当に書き換えておきましょう。
そのあとのセクションは削除しておきます。
そして、Opalを使いますのでdependencyを追加しておきます。

```
  spec.add_dependency "opal"
```

opal-audio.gemspecファイルは全体として以下のようになります。（紙面に合わせて適宜改行しています）

opal-audio.gemspec

```
# coding: utf-8
lib = File.expand_path("../lib", __FILE__)
$LOAD_PATH.unshift(lib) unless $LOAD_PATH.include?(lib)
require "opal/audio/version"

Gem::Specification.new do |spec|
  spec.name           = "opal-audio"
  spec.version        = Opal::Audio::VERSION
  spec.authors        = ["youchan"]
  spec.email          = ["youchan01@gmail.com"]

  spec.summary        = %q{A Web Audio API bindings for Opal.}
  spec.description    = %q{This project is example of the book:
"Pragmatic Opal".}
  spec.homepage       = "https://github.com/youchan/pragmatic-opal"

  spec.files          = ‘git ls-files -z‘.split("\x0").reject do |f|
    f.match(%r{^(test|spec|features)/})
  end
  spec.bindir         = "exe"
  spec.executables    = spec.files.grep(%r{^exe/}) { |f|
File.basename(f) }
```

```
  spec.require_paths = ["lib"]

  spec.add_dependency "opal"

  spec.add_development_dependency "bundler", "~> 1.15"
  spec.add_development_dependency "rake", "~> 10.0"
  spec.add_development_dependency "rspec", "~> 3.0"
end
```

Gemfileの中身を見ると、

Gemfile

```
source "https://rubygems.org"

git_source(:github) {|repo_name| "https://github.com/#{repo_name}" }

# Specify your gem’s dependencies in opal-audio.gemspec
gemspec
```

のように最後がgemspecで終っています。この命令はgemspecファイルを読みこんで、dependencyにあるgemを使うように指示しています。

それでは、bundle installしましょう。

```
$ bundle install
```

Opalのgemの作りかたはOpalのWebサイトに書いてありますので、それを参考に進めていきましょう。http://opalrb.com/docs/guides/v0.10.5/configuring_gems.html

Opalのgemでは、

1. Opalのコンパイルの対象となる.rbファイル
2. サーバーサイドでgemとして扱われるブートストラップコード

を用意する必要があります。

Opalの多くのgemでは、この2種類のファイル群をopalディレクトリとlibディレクトリに分ける方法と、libディレクトリに入れて、Opalの中で呼ばれているコードかそうでない（サーバーサイド）かで分岐する方法とがあるようです。

チュートリアルにはディレクトリを分けずに後者のRUBY_VERSIONで分岐する方法になっているのでそちらの例でやります。（おそらく前者は古いやりかたなのだと思います。）

2.2.1 ブートストラップ

サーバーからOpalのコードが読めるように、append_pathするコードを書きます。

lib/opal/audio.rb

```
require "opal/audio/version"
require "opal"

Opal.append_path File.expand_path('..', __FILE__)
```

2.2.2 Opalのコードを書く

Opal側ではrequire_relativeでロードするファイルを指定します。今回はexampleというファイルをロードすることにしましょう。

```
require_relative "audio/example"
```

先ほどのブートストラップのコードとRUBY_ENGINEという定数を見て分岐させます。

lib/opal/audio.rb

```
if RUBY_ENGINE == 'opal'
  require_relative 'audio/example'
else
  require "opal/audio/version"
  require "opal"

  Opal.append_path File.expand_path('..', __FILE__)
end
```

サンプルコードは以下のようなものを使います。

lib/opal/audio/example.rb

```
require 'native'

module Opal
  module Audio
    class Example
      def alert
        $$.alert('Hello Opal-Audio')
```

```
      end
    end
  end
end
```

2.2.3 gemを使うサンプル

このgemを使う側のサンプルをつくりましょう。opal-audioディレクトリの下にexamplesディレクトリを作って、「1.3 OpalでWebアプリケーションをつくろう」に倣って以下のようなファイルを作りましょう。

```
$ mkdir examples
$ cd examples
```

Gemfile

```
gem 'rack'
gem 'opal-sprockets'
gem 'opal-audio', path: '..'
```

config.ru

```
require 'opal-sprockets'

Opal.use_gem 'opal-audio'

run Opal::Server.new { |server|
  server.main = 'application'
  server.append_path 'app'
}
```

app/application.rb

```
require 'opal'
require 'opal/audio'

Opal::Audio::Example.new.alert
```

このサンプルでもbundle installして、サーバーを起動しましょう。

```
$ bundle install
$ bundle exex rackup
```

http://localhost:9292を開くとHello Opal-Audioというアラートは表示されましたでしょうか?

2.3 OpalでJavaScriptのAPIラッパーを作る

Web Audio APIのすべてを実装すると良いとは思うのですが、本書で扱うにはボリュームが大きすぎます。ある程度のものを作って大体のつくりかたが分るところまでできれば、解説としては十分でしょう。「2.1 OpalでJavaScriptのコードを呼びだしてみよう」に作ったサンプルが動く程度のものを作ってみましょう。

まずはAudioContextをつくりましょう。lib/opal/audio/context.rbというファイルをつくります。

lib/opal/audio/context.rb

```
module Opal
  module Audio
    class Context
      include Native

      def initialize
        super `new AudioContext()`
      end
    end
  end
end
```

Nativeをinclude（ミックスイン）することでJavaScriptのネイティブオブジェクトをラップしたクラスを作ることができます。コンストラクタはネイティブオブジェクトを引数に取るので、ここではラップしたコンテキストクラスでAudioContextオブジェクトを生成してsuperに渡すことにします。

このファイルをロードするように、app/opal/audio.rbも修正します。

app/opal/audio.rb

```
if RUBY_ENGINE == 'opal'
  require_relative 'audio/context'
else
  ...
end
```

examplesのほうも更新しましょう。

examples/app/application.rb

```
require 'opal'
require 'opal/audio'

context = Audio::Context.new
source = context.createBufferSource

request = Native(`new XMLHttpRequest()`)
request.open('GET', 'assets/sample.mp3', true)
request.responseType = 'arraybuffer'
request.send

request.onload = Proc.new do
  res = request.response
  context.decodeAudioData(res) do |buf|
    source.buffer = buf
  end
end
source.connect(context.destination)
source.start(0)
```

sample.mp3ファイルはappディレクトリの下に置きましょう。

このまま実行すると、createBufferSourceというメソッドがないと怒られますのでcreateBufferSourceメソッドを追加しましょう。

そのまえに、メソッド名はそのままでよいでしょうか？ここはRubyなのでスネークケースのメソッド名にしたいところです。create_buffer_sourceという名前でネイティブ(JavaScript)のcreateBufferSourceを呼ぶようにしましょう。Nativeにはこういうときに便利なalias_nativeメソッドがあります。

```
    alias_native :create_buffer_source, :createBufferSource
```

ほかにも、decode_audio_dataとdestinationも定義しましょう。destinationのほうは、JavaScript側ではプロパティとしてもっているのでnative_readerを使います。

```
    alias_native :decode_audio_data, :decodeAudioData
    native_reader :destination
```

examples/app/application.rbのほうも直して実行しましょう。

音が鳴りましたか？

AudioContextだけをラップしましたが、他のオブジェクトのラッパーは書いていません。たとえばcreate_buffer_sourceの戻り値はいったい何なのでしょう?

pメソッドで表示してみると、どうやらNativeクラスのオブジェクトのようです。

このようにOpalは特にラッパークラスを書かなくてもいい感じにラップしたオブジェクトを返してくれます。今回のケースのようにスネークケースにしたいというだけでなく、よりRubyishなメソッドを定義したい場合にはラッパークラスを書けばよいでしょう。

OpalはRubyとJavaScriptのコードの間の橋渡しがとても良くできていると思います。JavaScriptのプロジェクトに一部Rubyを使うということも可能でしょう。これはOpalのひとつの魅力だと思います。

第3章　実践Opal

さあ、いよいよ実践編に入ります。OpalでWebアプリケーションを開発するためのフレームワークはいくつかあります。黎明期にあるOpalのフレームワークです。どれも「これ！」といった決定的なものはないのが実情です。しかし、それはフレームワーク開発者にとってはチャンスでもあるのです。

OpalはRubyでフロントエンドを書けるという特徴の他に使いやすいフレームワークがあるということが普及の鍵となると筆者は考えています。

この章では筆者自身が開発したOpalで動くフレームワークを紹介して、Opalで実践的なWebアプリケーションの開発手法について解説します。

3.1　Opalで実用的なアプリケーションを作るために

では、Opalで実用的なアプリケーションを作るためには何が必要はのでしょうか？

まず、フロントエンドの開発ですので、ビューのフレームワークが必要でしょう。JavaScriptで言えば例えばReactのようなものです。またMVCであったり、Fluxであったりというような、(フロントエンドの) アプリケーション全体を構成するフレームワークが必要です。

ここまではフロントエンドの話です。フロントエンドのコードをいい感じに書けたら、次はサーバーサイドとうまくやりとりすることが必要となります。

通常はJSONのWeb APIを使ってサーバーサイドとやりとりをすることでしょう。この場合、サーバーサイドはサーバーサイドの世界、フロントエンドはフロントエンドの世界ときっちり分離することができます。しかし、それではサーバーサイド、フロントエンドそれぞれでそれぞれのコードを書く必要がでてきます。たとえばモデルのコードはサーバーサイド、フロントエンドで似たような構造を持ちながらそれぞれに構造を定義する必要があるのです。

Opalを使うとサーバーサイドもフロントエンドもRubyで書くことができるのです。このような分離が発生するのは勿体無いですよね。サーバーサイドとフロントエンドで同じソースコードを利用することでさまざまな利点を得られるというIsomorphicプログラミングという手法があります。

Isomorphicプログラミングで効率のよいWebアプリケーション開発をしていきましょう。

3.2　HyaliteでVirtual DOMを扱う

2015年のRubyKaigiでRubyのVirtual DOM実装であるHyaliteについて発表しました。当時は日本でReactがちょっとしたブームになっていました。JavaScriptのフロントエンドのプログラミングの話題がReactを中心にとても盛り上っていたのを覚えています。

Rubyistとしてはなんとなくついていけなさと、話題の中心となっているうらやましさがあったように思います。

Rubyにもこういうものがあったらいいなという思いを抱いていました。Opalというトランスパイラをつかえばでフロントエンドのプログラムを書けるというのを知って、私はReactのようなライブラリをRubyにも作りたいなと思っていました。

ちょうどRubyKaigiのCFPの募集がありましたので、RubyKaigiに合わせて実際にそれを作ってみたのがHyalite（ハイアライトと読みます）です。

ここではOpalで実装したReactライクなVirtual DOMライブラリのHyaliteについて解説します。

3.2.1　Virtual DOMって何？

HyaliteはReactライクなVirtual DOMライブラリということを書きましたが、そもそもVirtual DOMとは何なのでしょう？

Vitural DOMは名前の通り仮想的なDOMなのですが、ものすごく大雑把に説明するとプログラマはJavaScriptのプログラムの中で仮想的なDOMを構築することによって、ブラウザのDOMを操作するものです。

このように書くと、Vitual DOM -> 実際のDOMという変換が入って無駄が多く、面倒くさそうに見えます。しかし、実際にはそのまったく逆です。無駄を抑えて、面倒を少なくするのがVitual DOMなのです。

この無駄とか面倒とは何でしょう？DOMにおいて無駄となるのはDOM自身の再構築に他なりません。

動的なWebページにおいて、Webページの動き=DOMの更新です。DOMを更新するとき、その更新の範囲は動きのある部分だけで充分です。また、DOMの更新はとてもコストのかかる処理ですので、変更のない箇所まで更新するのは動作を遅くする原因になります。

たとえば、画面上のひとつの文言を更新するだけなのに、画面全体を再描画しなければならないとしたら無駄であると分りますよね。

また、実際のアプリケーションでは多くの場合、この小さい部分の更新が複数の箇所にわたります。また、アプリケーションの状態によって更新箇所を変えたり、更新内容を変えたりする必要があります。画面全体を更新してしまえば、アプリケーションの状態をDOMに反映させるだけです。どこが更新されたかということを気にする必要がありません。しかし、これは先程の説明のとおりコストのかかる処理になります。ですので面倒でも更新の管理をしなければなりません。

このように従来の開発では「無駄を抑える」ことと「面倒をへらす」ことの両立が難しかったのです。

では、Virtual DOMではこの問題をどのように解決しているのでしょうか。

Virtual DOM自体はメモリ中にあるJavaScriptのオブジェクトです。Virtual DOM自体の更新はDOMの更新にくらべるとかなりコストを抑えることができます。つまり、Virtual DOMだけでしたら、全体を再構築しても大きなコスト増にはなりません。そしてフレームワークがDOMとVirtual DOMの差分を探して差分のあるところだけDOMの更新をします。

このように無駄を抑えることと面倒をへらすことを両立することができるフレームワークとしてReactが一世を風靡したのです。

3.2.2 簡単なビューを作ってみる

それでは、Hyaliteの簡単なチュートリアルをしていきましょう。

プロジェクトはもうおなじみになったSilicaで作りましょう。このあとTODOっぽいアプリを作りますので、todo-appという名前で作成します。

```
$ silica new todo-app
```

例によってbundle installして、サーバーを起動しましょう。

```
$ cd todo-app
$ bundle install
$ bundle exec rackup
```

http://localhost:9292/にアクセスすると、**Welcome!!!**と表示されると思います。

実はこのプロジェクトではすでにHyaliteが使われていて、この**Welcome!!!**の表示はHyaliteによるものです。

ソースコードで確認してみましょう。

app/application.rb

```
require 'hyalite'
#require 'menilite'

class AppView
  include Hyalite::Component

  def render
    h2(nil, 'Welcome!!!')
  end
end
Hyalite.render(Hyalite.create_element(AppView),
$document['.content'])
```

renderというメソッドのなかでVirtual DOMを構築しています。ここでは<H2>要素のなかにWelcome!!!という文字列を入れているだけです。

TODOリストですので、まずはリストの表示をしてみましょう。表示するリストはまず固定にしますが、このあと動的に更新するため変数に入れておきます。

app/application.rb

```
def render
  @list = ['リストを表示する', 'アイテムを追加する']
  div(nil,
    h2(nil, 'TODOリスト'),
    ul(nil, @list.map{|item| li(nil, item)})
  )
end
```

どうでしょう？リストは表示されましたか？

ここでVirtual DOMを構築するメソッドについて解説しましょう。

```
method({options...}, children...)
```

のような形式になっていて、methodのところは要素名同じ名前のメソッドになります。{options...}はオプションでHashクラスのオブジェクトが入ります。HTMLの属性やイベントハンドラなどを設定することができます。

children...のところには可変長引数で子要素を渡します。

次はテキストボックスからアイテムを追加できるようにしましょう。

テキストボックスを追加します。（紙面に合わせて適宜改行しています）

```
    input({type:'text', ref:'text', onKeyDown:
method(:handle_keydown)}),
```

inputメソッドの引数それぞれ次のような意味をもっています。

type

HTMLの属性としてtype属性を設定します。

ref

このあと、このinput要素を参照するために名前をつけます。

onKeyDown

KeyDownイベントのイベントハンドラを設定します。ここではhandle_keydownというメソッドを渡しています。

KeyDownイベントを処理するためにhandle_keydownというメソッドを定義する必要があ

ります。

```
  def handle_keydown(event)
    if event.code == :Enter && @refs[:text].value != ''
      @list << @refs[:text].value
      @refs[:text].value = ''
      force_update
    end
  end
```

handle_keydownメソッドではEnterキーが押されたときにテキストボックスの値を@listについかして、force_updateというメソッドを呼んでビューの更新をします。

@refs[:text]という箇所がinput要素をrefでつけた名前で参照する箇所です。

@listはイニシャライザに移動してapp/application.rbの全体は以下のとおりになります。（紙面に合わせて適宜改行しています）

app/application.rb

```
require 'hyalite'
#require 'menilite'

class AppView
  include Hyalite::Component

  def initialize
    @list = ['リストを表示する', 'アイテムを追加する']
  end

  def handle_keydown(event)
    if event.code == :Enter && @refs[:text].value != ''
      @list << @refs[:text].value
      @refs[:text].value = ''
      force_update
    end
  end

  def render
    div(nil,
      h2(nil, 'TODOリスト'),
      input({type:'text', ref:'text', onKeyDown:
method(:handle_keydown)}),
      ul(nil, @list.map{|item| li(nil, item)})
```

```
    )
  end
end
Hyalite.render(Hyalite.create_element(AppView),
$document['.content'])
```

force_updateは強制的にビューを更新します。強制的でないときはどういうときでしょう？それはstateというコンポーネントの状態が変化したときです。

stateは以下のように定義します。

```
  state :list, ['リストを表示する', 'アイテムを追加する']
```

参照するときは@state.listのように参照でき、更新するときは次のようにset_stateメソッドを呼びます。

```
      set_state(list: list)
```

app/application.rbをstate版にしたものは以下のとおりになります。（紙面に合わせて適宜改行しています）

app/application.rb

```
require 'hyalite'
#require 'menilite'

class AppView
  include Hyalite::Component

  state :list, ['リストを表示する', 'アイテムを追加する']

  def handle_keydown(event)
    if event.code == :Enter && @refs[:text].value != ''
      list = @state.list.dup
      list << @refs[:text].value
      @refs[:text].value = ''
      set_state(list: list)
    end
  end

  def render
```

```
    div(nil,
      h2(nil, 'TODOリスト'),
      input({type:'text', ref:'text', onKeyDown:
method(:handle_keydown)}),
      ul(nil, @state.list.map{|item| li(nil, item)})
    )
  end
end
Hyalite.render(Hyalite.create_element(AppView),
$document['.content'])
```

テキストボックスになにか入力してEnterキーを押してみてください。どうでしょうか？リストに追加されましたか？

3.2.3 TodoMVC

Hyaliteの簡単なビューの作りかたが分ったところで、もうすこし本格的なTODOアプリにしていきましょう。

WebフロントエンドのサンプルとしてTodoMVC(http://todomvc.com/)というサンプルがあります。TodoMVCは様々なフレームワークで実装されていてテストベッドとしての役割を持っています。

実はHyaliteのTodoMVCはすでにhttps://github.com/youchan/hyalite-todo にあります。3分クッキングよろしく完成品をもとに解説をしていこうと思います。すべてのコードを説明するのは大変ですので、ここでは

```
app/application.rb
app/todo_item.rb
app/todo_model.rb
```

の3つのファイルについて説明します。

Appクラス

まずapp/application.rb内のAppクラスについて見ていきましょう。

```
module App
  def self.render
    Hyalite.render(TodoApp.el({model: model}), $document['.todoapp'])
  end

  def self.model
    @model ||= TodoModel.new
  end
```

```
end
```

Hyalite.renderメソッドで%section.todoappの下にビューが生成するDOMをマウントされます。

TodoApp.elメソッドはビューのVirtual DOMを作ります。メソッドの引数で渡されるoptionにはpropsと呼ばれるデータを渡すことができます。propsはVirtual DOMを実体化するときに渡されますから、表示用のデータとして使われることが意図されています。

またデータモデルはTodoModelとしてまとめられています。TodoModelについては後で見ていきます。

```
$document.ready do
  App.model.subscribe do
    App.render
  end

  App.render
end
```

ドキュメントが準備できたら、'App.render'を呼びだしてVirtual DOMをレンダリングしています。(結果的に実際のDOMがレンダリングされます。)

Hyalite::Componentモジュール

Hyaliteではビューのコンポーネントを表わすためにHyalite::Componentモジュールをincludeしたクラスを作ります。

```
class TodoApp
  include Hyalite::Component

  state :nowShowing, :all
  state :editing, nil
  state :newTodo, ''
end
```

初期状態をstateメソッドで定義します。

after_mountメソッド

after_mountメソッドで定義したブロックはコンポーネントにDOMがマウントされた後に呼ばれます。(そのままですね)このようなフックはこの他にbefore_mount,after_mount,befere_update,after_unmount,after_updateなどがあります。

```
  after_mount do
    router = Router.new
    router.route('/') { set_state({nowShowing: :all}) }
    router.route('/active') { set_state({nowShowing: :active}) }
    router.route('/completed') { set_state({nowShowing: :completed})
}
  end
```

TodoAppではafter_mountのなかでルーターの設定をしています。ルーターにはopal-routerというライブラリを使っています。

TodoApp#render

renderのなかの処理をちょっと覗いてみましょう。

```
  def render
    todos = @props[:model].todos

    shown_todos = todos.select do |todo|
      case @state.nowShowing
      when :active
        !todo.completed
      when :completed
        todo.completed
      else
        true
      end
    end

    todo_items = shown_todos.map do |todo|
      TodoItem.el({
        key: todo.id,
        todo: todo,
        onToggle: -> { @props[:model].toggle(todo) },
        onDestroy: -> { @props[:model].destroy(todo) },
        onEdit: -> { set_state(editing: todo.id) },
        editing: @state.editing == todo.id,
        onSave: -> (text) { save(todo, text) },
        onCancel: -> { set_state(editing: nil) }
      })
    end
```

```
  # ---- snip ----
end
```

propsで渡ってきたデータモデルからstateから表示すべきデータを抽出します。そして、それぞれの要素毎にVirtual DOMのサブツリーを作成して配列にします。
実際にVirtual DOMの全体を構築するのは以下の箇所になります。

```
def render
  # ---- snip ----
  div(nil,
    header({className: 'header'},
      h1(nil, "todos"),
      input({
        className: 'new-todo',
        placeholder: 'What needs to be done?',
        autofocus: true,
        onKeyDown: method(:handle_new_todo_key_down),
        onChange: method(:handle_change),
        value: @state.newTodo
      })),
    main,
    footer)
end
```

個々のTodoアイテムを表示するコンポーネントがapp/todo_item.rbになります。
実体化する箇所は先程も示した以下の箇所です。

```
    TodoItem.el({
      key: todo.id,
      todo: todo,
      onToggle: -> { @props[:model].toggle(todo) },
      onDestroy: -> { @props[:model].destroy(todo) },
      onEdit: -> { set_state(editing: todo.id) },
      editing: @state.editing == todo.id,
      onSave: -> (text) { save(todo, text) },
      onCancel: -> { set_state(editing: nil) }
    })
```

todoプロパティはTodoアイテムに対応するデータモデルです。このように親要素から子要素へpropsとして渡します。
またeditingという状態やonEditなどのイベントハンドラなどもpropsを介して渡すよう

にしています。

最後にモデルについて見ていきましょう。ファイルはapp/todo_model.rbになります。

内部には@todosという配列にTodoリストをもちます。モデルの内部への変更はすべてTodoModelオブジェクトから行うようになっていて、モデルが変更されたらsubscribeしているオブザーバーに通知がいくようになっています。

オブザーバーを登録するコードは

```
  def subscribe(&on_change)
    @on_changes << on_change
  end
```

のようになっていて、app/application.rbで登録するようになっています。

```
$document.ready do
  App.model.subscribe do
    App.render
  end

  App.render
end
```

このようにモデルのいかなる変更があっても、アプリケーションの最上位から再描画を行います。Virtual DOMを使っているからこそ、このようにトップダウンに更新しても実際のDOMの更新は必要な部分だけになります。

駆け足でみていきましたが、Hyaliteでどのようにアプリケーションを開発していくか分りましたでしょうか？

3.3 MeniliteでIsomorphicプログラミングをしよう

2016年のRubyKaigiでは「Isomorphic web programming in Ruby」という話をしました。Meniliteという Isomorphicプログラミングのためのフレームワークを開発して、そのフレームワークについて話しました。

Isomorphicプログミングというのはサーバーサイドとフロントエンドで同一のソースコードを実行することによって得られる利点をうまく利用しようというプログラミングパラダイムです。例えば、以下のようなものです。

サーバーサイドレンダリング

Reactがこの機能を有していることで有名です。Reactはビューを受けもつフレームワークです。通常はフロントエンド側で利用されますが、サーバーサイドでレンダリングすることによって、初期データーを埋め込んだ状態でHTMLデーターをクライアントに渡すことができる(つまり、クライアントで初期データーをフェッチする必要がない) などの利点があります。

モデルのコードを共有

Meteorなどが有名です。モデルのコードを共有することで、フロントエンドからサーバーサイドのパーシステントなモデルを透過的にあつかえます。Meniliteもこの方式を採用しています。

フロントエンドとサーバーサイドで同じ言語で記述する必要があるため、JavaScriptで主に使われる手法ですが、OpalがあればRubyでも出来ますよということでMeniliteというフレームワークを作ってみました。

それでは、RubyでIsomorphicプログラミングするフレームワークMeniliteをつかって開発していきましょう。

3.3.1 サンプルのアプリケーションについて

「3.2 HyaliteでVirtual DOMを扱う」でつかった`todo-app`をつかいます。Todoアプリケーションとしては不完全ですが、完成品のアプリケーションもお見せしたのでご勘弁を。

本節ではTodoの管理ではなくユーザー管理のところで機能を追加しようと思います。(認証などの機能を実装可能であることを示したいからです。)

またMeniliteではモデルを透過的に扱えるようにするということからアクセス制御が必要になるということもあります。

3.3.2 モデルの定義

まずはTodoアイテムのモデルを作りましょう。Meniliteでは以下のようにモデルを定義します。

app/models/todo.rb

```
class TodoItem < Menilite::Model
  field :description
  field :done, :boolean
end
}
```

ここでは`Menilite::Model`を継承して`TodoItem`というモデルを定義しています。`description`と`done`というフィールドを持っています。フィールドの型はデフォルトでstring型になります。もちろん型を指定することもできます。`done`は`boolean`型として定義されています。

このTodoItemをつかうように`app/application.rb`を書き換えたものが以下です。

app/application.rb

```
require 'hyalite'
require 'menilite'
require_relative 'models/todo_item'

class AppView
  include Hyalite::Component

  state :list, []

  def handle_keydown(event)
    if event.code == :Enter && @refs[:text].value != ''
      list = @state.list.dup
      list << TodoItem.create(description: @refs[:text].value)
      @refs[:text].value = ''
      set_state(list: list)
    end
  end

  def render
    div(nil,
      h2(nil, 'TODOリスト'),
      input({type:'text', ref:'text', onKeyDown:
method(:handle_keydown)}),
      ul(nil, @state.list.map{|item| li(nil, item.description)})
    )
  end
end
Hyalite.render(Hyalite.create_element(AppView),
$document['.content'])
```

サーバーを再起動して動作を確認してみましょう。動作自体は以前と変っていないはずです。

3.3.3 オブジェクトをデータベースに保存しましょう

本書のこれまでのサンプルコードはすべてフロントエンドで動くものでした。(サーバーのスタートアップのコードなどは別にして……)

この節はIsomorphicプログラミングなのでサーバー側のコードも書くことになります。Webアプリケーションというのはサーバー側の機能がなければ成り立ちません。いよいよ本格的なWebアプリケーションの開発に入ったということになります。

その第一歩としてブラウザで入力したデータをデータベースに保存しましょう。

Meniliteには ActiveRecord とのインテグレーションが用意されています。さきほど作ったTodoItemモデルはサーバーサイドでも利用できるようになっています。そしてそのバックエンドにActiveRecordをつかってデータベースに永続化することができるようになっています。

それではまずデータベースを用意しましょう。

```
$ bundle exec rake db:creat
```

このプロジェクトではデフォルトでsqliteというデータベースが使われます。sqliteはgemとしてインストールされているのでこのまますぐ使えます。

次に、新しいテーブルをつくるマイグレーションをしましょう。

```
$ bundle exec rake db:create_migration NAME=create_todo_items
```

まず、このコマンドでマイグレーションファイルを作ります。マイグレーションファイルはコラムで説明したとおり、ソースコードによってデータベースの構造を変更するものです。

ActiveRecordとは？

Webアプリケーションにおいて、データを永続化するということはごく自然な要求でしょう。そしてそこにリレーショナルデータベースを使うこともリーズナブルな判断だと思います。実際に多くのWebアプリケーションでは、リレーショナルデータベースをつかってデータを永続化しています。

ここでRubyのようなオブジェクト指向言語で問題となるのは、リレーショナルデータベースにもつデータ構造とオブジェクトとのマッチングです。いわゆるインピーダンスミスマッチングという問題が存在します。

これはつまり構造上の違いをいかに吸収するかという問題なのですが、こういった問題を解決するのがORM（Object Relation Mapping）です。

ActiveRecordはORMフレームワークのひとつで、Ruby on Railsで採用されていることでも有名ですね。

本書ではActiveRecordについて深くは追いません（それこそこれより厚い本を一冊書けてしまいそうです）。

Meniliteでは`Menilite::Model`がActiveRecordをうまく覆い隠していますので、以下に説明するマイグレーションに関すること以外にはあまり意識しなくても良いはずです。

ActiveRecordの特徴のひとつにマイグレーションの機能があります。マイグレーションとは移行つまり、データベースの構造を変更することです。ActiveRecordではそれをソースコードとして管理しているため、gitなどによる変更管理が可能になっています。

それではマイグレーションファイルを編集しましょう。（ファイル名はコマンドを実行するタイミングによって数字のところが違います。）以下のようにファイルを編集してください。

db/migrate/20171009070947_create_todo_items.rb

```
class CreateTodoItems < ActiveRecord::Migration[5.1]
  def change
    create_table :todo_items do |t|
      t.string :guid, index: true
      t.string :description
      t.boolean :done
    end
  end
end
```

:descriptionや:doneはTodoItemクラスにもあるフィールドですね。:guidというこれまで出てきていないフィールドがありますが、これはオブジェクトを識別するためのIDです。

ActiveRecordでは自動的に連番のidを振るフィールドを定義します。しかしそれはデータベースによって生成される連番であるため、データベースにレコードを保存するまで振られません。GUIDというのはグローバルに（確率的に）重複のないIDですのでデータベースに保存するまえに識別可能なIDを振ることができます。これはクライアント側とサーバー側でオブジェクトの同一性を保証するために必要な措置です。

最後にクライアント側でもオブジェクトを保存するように修正しましょう。app/application.rbの13行目を以下のように直します。

```
        list << TodoItem.create(description: @refs[:text].value)
```

newメソッドを呼んでいるところをcreateメソッドに変更するだけです。

変更したらサーバーを再起動して動作を確認します。http://localhost:9292を開いていくつかTodoアイテムを登録してみましょう。

登録したデータはコンソールから確認することができます。以下のコマンドでコンソールを起動しましょう。

```
$ bundle exec bin/console
```

つぎにコンソールで以下のようにコマンドを入力してください。

```
irb(main):001:0> TodoItem.fetch
```

登録したデータが表示されます。（見やすいようにすこし整形してあります。）

```
=> [#<TodoItem:0x00007fee12b6f910
  @fields={:description=>"ユーザーの管理機能をつくる", :done=>nil},
  @guid="d273765b-c733-4f18-b7ad-12fd9156c19a",
  @observers=[]>,
 #<TodoItem:0x00007fee12b6efd8
  @fields={:description=>"ユーザー認証をする", :done=>nil},
  @guid="79b19450-1ccb-4214-815d-c50c1bafc4c0",
  @observers=[]>,
 #<TodoItem:0x00007fee12b6e588
  @fields={:description=>"アクセス制御をする", :done=>nil},
  @guid="77479ec0-a83f-4f5c-807b-c32b42719001",
  @observers=[]>]
```

このように、コンソールを使ってデータを確認したりすることができます。

せっかくデータがデータベースに保存されたので、それをページに反映させるようにしましょう。

これはafter_mountでやればよいでしょう。app/application.rbのAppViewクラスに以下の記述を追加しましょう。

```
  after_mount do
    TodoItem.fetch! do |list|
      set_state(list: list)
    end
  end
```

TODOリストは表示されたでしょうか？

では、これ以降はこのTODOにしたがって進行しようと思います。

3.3.4 ユーザーの管理機能をつくる

それでは、ユーザーの管理機能を作りましょう。

まずはUserモデルをつくります。

app/models/user.rb

```
class User < Menilite::Model
  field :name
  field :password
end
```

app/application.rbでrequireするのも忘れないでください。

app/application.rb

```
require_relative 'models/user'
```

マイグレーションファイルは以下のとおりです。

db/migrate/20171009100632_create_users.rb

```
class CreateUsers < ActiveRecord::Migration[5.1]
  def change
    create_table :users do |t|
      t.string :guid, index: true, unique: true
      t.string :name, index: true, unique: true
      t.string :password
    end
  end
end
```

以下のコマンドでマイグレーションの実行を忘れずにしてくださいね。

```
$ bundle exec rake db:migrate
```

つぎにサインアップページを作ります。

つぎのようなhamlファイルとrbファイルを作ってSinatraでページを表示できるようにします。（紙面に合わせて適宜改行しています）

views/signup.haml

```
!!!
%html(lang="en" data-framework="hyalite")
  %head
    %link{rel:"stylesheet", href:"assets/css/application.css"}
  %body
    .content

    = ::Opal::Sprockets.javascript_include_tag('signup',
                                               sprockets:
settings.opal.sprockets,
                                               prefix: 'assets',
                                               debug: true)
```

app/signup.rb

```
require 'hyalite'
require 'menilite'
require_relative 'models/user'

class SignupView
  include Hyalite::Component

  def render
    div({class: 'signup-view'},
      h2(nil, 'サインアップ'),
      p(nil, input({type: 'text', ref: 'name'})),
      p(nil, input({type: 'text', ref: 'password'})),
      p(nil, button({}, 'Signup'))
    )
  end
end
Hyalite.render(Hyalite.create_element(SignupView),
$document['.content'])
```

server.rb

```
  get '/signup' do
    haml :signup
  end
```

サーバーを再起動して、`http://localhost:9292/signup`にアクセスしてください。サインアップページが表示されたでしょうか？

それではサーバー側の処理も書いていきます。パスワードを暗号化して管理する必要がありますので、bcryptというgemをインストールする必要があります。

Gemfile

```
gem 'bcrypt'
```

さてサインアップの機能はどこに実装したらよいでしょう？`User`モデルにあるのが自然な感じです。`User`モデルに`signup`なんていうメソッドがあって、データのインスタンスを作って`singup`を呼んだらサインアップされるなんていうのがいい感じだと思います。

こういう場合にMeniliteではアクションという機能をつかいます。アクションはサーバーサイドで実行されるロジックで、クライアントサイドからメソッドとして呼び出すことができます。ちょうどRPCのような感じです。

app/models/user.rbを次のように書きかえて、アクションを追加しましょう。

app/models/user.rb

```
unless RUBY_ENGINE == 'opal'
  require 'bcrypt'
end

class User < Menilite::Model
  field :name
  field :password

  action :signup, save: true do |password|
    self.password = BCrypt::Password.create(password)
    self.save
  end
end
```

unless RUBY_ENGINE == 'opal'という行はサーバー側だけで実行されるコードです。Opalのrequireの仕組み上このように書く必要があります。

saveオプションはこのアクションを実行した後にモデルが保存されることを表わしていて、この場合のselfはUserモデルのインスタンスを表しています。

signupアクションはクライアントサイドからはメソッドとして見えます。クライアントから呼びだすコードは以下のようになります。

app/signup.rb

```
  def signup
    user = User.new(name: @refs[:name].value)
    user.signup(@refs[:password].value) do |status, res|
      if status == :success
        `window.location = '/'`
      end
    end
  end
```

SignupViewに上記のメソッドを追加して、22行目のボタンでこのメソッドを呼ぶようにします。

app/signup.rb

```
      p(nil, button({onClick: self.method(:signup)}, 'Signup'))
```

サーバーを再起動してサインアップできるか確かめてみましょう。コンソールでUserモデルのデータが永続化されていることも確認してみてくださいね。

3.3.5 ユーザー認証をする

ログイン画面を追加しましょう。

app/login.rb

```
require 'hyalite'
require 'menilite'
require_relative 'models/user'

class LoginView
  include Hyalite::Component

  def render
    div({class: 'login-view'},
      h2(nil, 'ログイン'),
      p(nil, input({type: 'text', ref: 'name'})),
      p(nil, input({type: 'text', ref: 'password'})),
      p(nil, button({}, 'Login'))
    )
  end
end
Hyalite.render(Hyalite.create_element(LoginView),
$document['.content'])
```

views/login.haml

```
!!!
%html(lang="en" data-framework="hyalite")
  %head
    %link{rel:"stylesheet", href:"assets/css/application.css"}
  %body
    .content

    = ::Opal::Sprockets.javascript_include_tag('login',
                                               sprockets:
settings.opal.sprockets,
```

```
                        prefix: 'assets',
                        debug: true)
```

server.rbにはlogin?メソッドを追加して、/へのアクセスはログインしている場合だけindex.hamlを表示して、それ以外の場合は/loginにリダイレクトするようにします。

server.rb

```
  def login?
    if session[:user_id]
      user = User[session[:user_id]]
      if user
        return true
      end
    end
    false
  end

  get '/' do
    haml :index
    if login?
      haml :index
    else
      redirect to('/login')
    end
  end

  get '/login' do
    haml :login
  end
```

ログインページが表示されるところまではできましたでしょうか？

ページが表示されたらサーバー側の実装をしましょう。

login?メソッドを見ていただくと分るとおり、ログインの情報はセッションに保存することにしました。セッションのようなリクエストに紐付くコンテキストを、モデルに持たせるのはあまり良い方法ではありません。Meniliteにはコントローラーという機能がありますので、このような場合はコントローラを使います。

あらかじめApplicationControllerというコントローラの雛形があるので、こちらを利用してログイン機能を実装していきましょう。

app/contorllers/application_controller.rb

```
class ApplicationController < Menilite::Controller
  action :login do |username, password|
    user = User.find(name: username)
    if user && user.auth(password)
      session[:user_id] = user.id
    else
      raise Menilite::Unauthorized.new
    end
  end
end
```

4行目のUser.authの実装は以下の通りです。

app/models/user.rb

```
  if_server do
    def auth(password)
      BCrypt::Password.new(self.password) == password
    end
  end
```

if_serverはサーバーサイドでのみ実行されるブロックを定義していて、この場合authメソッドはサーバーサイドだけに定義されることを表しています。

コントローラーにもモデルのようにアクションを定義することができます。モデルと違うのは、セッションがあつかえる点とモデルと直接紐付いていないので複数のモデルに跨がる処理を書きやすいという点です。また、セッションのほかにもリクエストのコンテキストに紐付くものを扱うことができます。（クエリパラメータなど）

Railsのアクションに似ていますね。Railsと違うのは、クライアントからはメソッドとして透過的に見えていることです。

このアクションの呼びだしは次のようになります。

app/login.rb

```
  def login
    name = @refs[:name].value
    password = @refs[:password].value
    ApplicationController.login(name, password) do |status, res|
      if status == :success
        'window.location = '/''
      end
```

```
    end
  end
```

先ほどのサインアップの例とよく似ていますね。違うのはインスタンスを作らずにクラスメソッドとして呼びだしているところです。

サインアップのときと同じようにapp/login.rbにloginメソッドを追加して、Loginボタンからloginメソッドを呼ぶようにしましょう。

app/login.rb

```
      p(nil, button({onClick: self.method(:login)}, 'Login'))
```

さあ、サーバーを再起動してログイン機能がちゃんと動くか確認しましょう。ログインしたらTODOリストのページが表示されればOKです。

3.3.6 アクセス制御をする

ユーザー毎にアクセス制御するためには、データにその所有者を示す必要があります。

以下のようなマイグレーションファイルを作って、TodoItemにuser_guidというカラムを追加してください。

db/migrate/20171009161147_add_column_user_on_todo_items.rb

```
class AddColumnUserOnTodoItems < ActiveRecord::Migration[5.1]
  def change
    add_column :todo_items, :user_guid, :string, index: true
  end
end
```

またTodoItemモデルのほうにもUserを参照するフィールドを追加しておきましょう。

app/models/todo_item.rb

```
  field :user, :reference
```

MeniliteではアクセスЧ制御をするためにPrivilegeという機能を用意しています。Privilegeはモデルへのアクセスをフックして適切なアクセス制御をできるようにする仕組みです。

ユーザー毎にアクセスを制御するのでUserPrivilegeというクラスをつくります。

app/models/user_privilege.rb

```
class UserPrivilege < Menilite::Privilege
```

```
  def key
    :user_privilege
  end

  def initialize(user)
    @user = user
  end

  def filter
    { user_id: @user.id }
  end

  def fields
    { user_id: @user.id }
  end
end
```

keyはPrivilegeを識別するために使います。filterはgetするときにフィルターとして働きます。fieldsはpostするときに付加するフィールドとして働きます。つまりUserPrivilegeクラスはpostするときは持ち主であるユーザーの情報を付加して、getするときにはそのユーザーのものだけにフィルターします。

大部分のアクションの前にPrevilegeを付与する処理を挟み込む必要があります。そこでコントローラーにはbefore_actionというフックが用意されています。

app/controllers/application_controller.rb

```
class ApplicationController < Menilite::Controller
  before_action(exclude: ['ApplicationController#login',
'User#signup']) do
    user = User[session[:user_id]]
    if user
      Menilite::PrivilegeService.current.privileges <<
UserPrivilege.new(user)
    else
      raise Menilite::Unauthorized.new
    end
  end

  # ---- snip ----
end
```

ここではexcludeパラメータでApplicationController#loginやUser#signupを除外

しています。それ以外のすべてのアクションに対してこのbefore_actionは実行されます。

このなかでセッションから取得したUserをUserPrivilegeに設定して、PrevilegeServiceに登録しています。

モデルに対してPrevilegeを適用するには以下のようにします。

app/models/todo_item.rb

```
  permit :user_privilege
```

app/models/todo_item.rbの全体は以下のようになります。

app/models/todo_item.rb

```
class TodoItem < Menilite::Model
  field :description
  field :done, :boolean
  field :user, :reference

  permit :user_privilege
end
```

これでユーザー毎にアクセス制御ができているはずです。サーバーを再起動してTODOリストを見てみましょう。TodoItemのuser_guidフィールドは空のままなので、TODOリストがみえなくなっているはずです。

コンソールからuser_guidフィールドをセットして権限を与えましょう。

```
> user = User.fetch.first
> TodoItem.fetch.each {|i| i.update!(user: user) }
```

もう一度、TODOリストを見てみましょう。ちゃんと見えましたでしょうか？

第4章　WebSocketを使って共同編集する

4.1　WebSocketを使って共同編集する

2017年のRubyKaigiは「dRuby on Browser」でした。dRubyをOpalで実装したという話です。

dRubyというのはRubyの分散オブジェクトのライブラリです。分散オブジェクトというのはネットワーク上に分散した環境において相互の通信をオブジェクトのメソッド呼びだしとして抽象化することでオブジェクト指向のパラダイムをシステム間通信に適用するものです。

分散オブジェクトではメソッドの呼び出し側と実行する側が別々のシステムになります。呼び出し側は実際にはそのメソッドを実行せず、代りにスタブと呼ばれるオブジェクトのメソッドが呼び出されます。スタブは実行側のシステムと通信をしてメソッドの実行を指示します。

dRubyではこのスタブの作成などをRubyの強力なメタプログラミングの機能を使って隠蔽しています。他の分散オブジェクトではオブジェクトのインタフェースを定義したり、スタブを明示的に作成する必要がありますがdRubyはその必要がないのでとても扱いやすくなっています。

本章ではOpalで実装されたdRubyをつかって共同編集アプリをつくる例を示します。

4.1.1　ブラウザでdRuby？

このdRubyがブラウザでつかえるということはどういう意味があるのでしょうか？

dRubyが提供するのはシステム間のオブジェクトの透過的な扱いです。これをブラウザとサーバー間で可能にします。前節で紹介したMeniliteでもサーバーのオブジェクトへ透過的にアクセスするということが大きな利点でした。

それとの違いは何なのでしょうか？

Meniliteのオブジェクトは主に永続化(DBに保存)されることが期待されているオブジェクトで、サーバーサイドのオブジェクトはリクエスト毎に作られます。(Webシステムですのでこの考えかたは自然です。)

dRubyで扱われるオブジェクトはメモリ中に存在していていつでもアクセス可能な状態で存在します。(生成と破棄はクライアント側でコントロールすることができます。)この特性をWebシステムに適用すると面白いことに応用することができます。

例えばクライアントが複数ある場合です。複数のクライアントに対してひとつのサーバー側のオブジェクトと通信を行なうことでクライアント間での通信も可能になるのです。このような技術を使えば、Google Appsのような共同編集をするアプリなども作ることもできるのです。

通常このようなシステムを実現するためには、WebSocketを使います。実は「dRuby on Browser」という話の中でOpalで実装したdRubyというのもWebSocketで通信するというものでした。

つまりこの手法のキモとなるのは、WebSocketによる通信をdRubyという技術で抽象化するということだったです。

4.1.2 dRubyを使ってみる

それではブラウザでdRubyを使う前に、dRubyの使いかたに慣れるためにまずは普通のdRubyをつかう実験をしてみましょう。

コンソールを2つ用意してください。双方でirbを起動しましょう。どちらがサーバーになるか、クライアントになるか決めてくださいね。

サーバー側でサービスを開始します。分散オブジェクトですので分散するオブジェクトを用意する必要がありますね。ここでは空の配列を用意しましょう。

```
$ irb
irb(server)> require 'drb'
irb(server)> s_ary = []
irb(server)> DRb.start_service('druby://localhost:1234', s_ary)
```

これだけです。たったこれだけでサーバーになることができるのです！

クライアント側でサーバーのオブジェクトのスタブを取得しましょう。

```
$ irb
irb(client)> require 'drb'
irb(client)> c_ary = DRbObject.new_with_uri('druby://localhost:1234')
```

こちらも簡単ですね。このように、dRubyでは既存のクラスのオブジェクトを簡単に分散オブジェクトとして扱うことができます。

それでは実験開始です。まず、クライアント側のオブジェクトで要素を追加してみましょう。

```
irb(client)> c_ary << 'Hello'
=> ["Hello"]
```

サーバー側のオブジェクトはどうなるでしょう？

```
irb(server)> s_ary
=> ["Hello"]
```

クライアント側で追加した要素がサーバー側のオブジェクトに追加されているのが分ります。つぎは、逆にサーバー側で追加してみましょう。

```
irb(server)> s_ary << 'world'
=> ["Hello", "world"]
```

クライアント側のオブジェクトを見てみましょう。

```
irb(client)> c_ary
=> #<DRb::DRbObject:0x00007fb6ab8048f0 @uri="druby://localhost:1234",
@ref=nil>
```

クライアント側のオブジェクトはスタブ(DRbObject)になっています。つぎのはどうでしょう？

```
irb(client)> c_ary.to_a
=> ["Hello", "world"]
```

今度はto_aメソッドを呼んでいます。このメソッドの呼び出しはサーバー側に通知されて、サーバー側のオブジェクトで実行されます。サーバー側のオブジェクトでの実行結果は、スタブを介してクライアント側で受け取ります。

図4.1: dRubyのリモートメソッド呼び出し

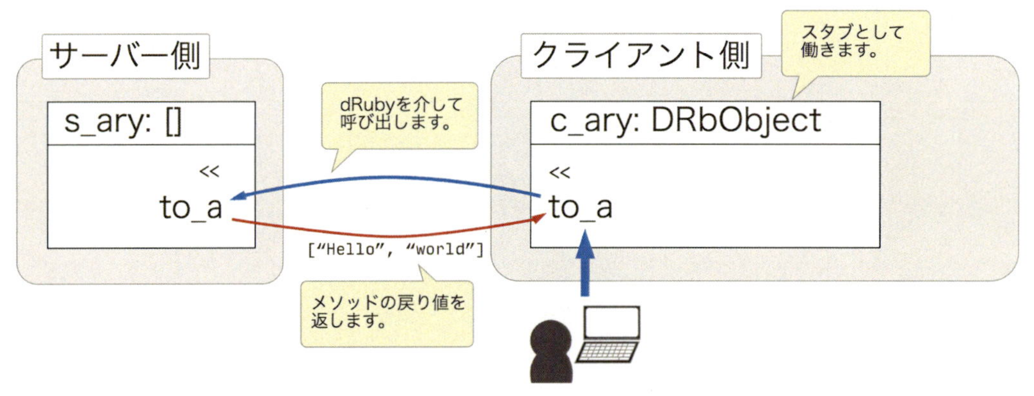

ここまでの例はクライアント→サーバーの呼び出しだけでしたが、サーバーから呼び出したいときもありますね。つぎはコールバックの例を見てみましょう。

クライアントで次のようなブロックを伴うコードを呼び出したときに、ブロックの中身はどちらの側で実行されるでしょうか？

```
irb(client)> c_ary.each {|i| puts i }
```

実際に実行してみるとこれはエラーになります。次のようなメソッドを呼び出してください。

```
irb(client)> DRb.start_service
```

そしてもう一度、c_ary.each {|i| puts i}というコードを実行してみてください。

クライアント側で文字列が表示されたと思います。

このようにブロックの中身はクライアントで実行されました。これはeachメソッド自体はサーバー側で実行されますが、ブロックはリモート呼び出しとなり、サーバーから呼び出したものがクライアントで実行されます。これはサーバーの役割とクライアントの役割が逆転しているということです。実際、DRb.start_serviceを呼ばなければエラーとなっていました。これはクライアント側でサーバーを起動した（ややこしい）ことになります。

さて、この方法でコールバックできることが分りました。もうちょっとコールバックであることが分りやすい例をあげてみましょう。クライアントで次のコードを実行します。

```
irb(client)> c_ary.unshift Proc.new{|ar| puts ar.join(' ')}
```

配列の先頭にProcオブジェクトが挿入されました。サーバー側で次のコードを実行してみてください。

```
irb(server)> s_ary.first.call s_ary.drop(1)
```

どうでしょう？サーバー側にはnilが返されるだけです。クライアント側のコンソールを見てみると、

```
Hello World
```

と表示されたのが確認できます。クライアント側で定義した'Proc'オブジェクトはクライアント側で実行されました。

このように、dRubyを使えばコールバックも実行することができます。ブラウザでdRubyを実現することができれば、ブラウザで実行するコールバック関数をサーバーから任意のタイミングで呼びだすことができるのです。

4.1.3　ブラウザでdRubyを実現する

それではブラウザでdRubyを実現するためには何が必要なのでしょうか？

dRubyでは通常、Socket通信を使ってオブジェクト間の通信をします。ブラウザではSocketを直接扱うことはできませんので、HTTPなどのブラウザで扱うことのできるプロトコルで通

信する必要があります。前節でおこなったようなコールバックを実現するためには双方向の通信が必要なので、WebSocketをつかうこととしましょう。

幸いなことに、dRubyにはこのような下位のプロトコルをプラグインする仕組みが用意されています。この仕組みを用いてdRubyにWebSocketのプロトコルを追加するのが、drb-websocketというgemです。

そしてブラウザ側にもdRubyの実装が必要になります。Opalで実装したdRubyが`opal-drb`というgemです。

この2つのgemについてそれぞれ説明しましょう。

drb-websocket

インストールは以下のようにします。

```
$ gem install drb-websocket
```

さきほどのdRubyの実験をWebSocketプロトコルをつかって再現してみましょう。

```
irb(server)> require 'drb/websocket'
irb(server)> s_ary = []
irb(server)> DRb.start_service('ws://localhost:1234', s_ary)
```

さきほどとはURLが違うことに注意してください。drb-websocketの場合はWebサーバーを起動しますので、Webサーバーの起動メッセージが表示されているはずです。

クライアント側はつぎの通りです。

```
irb(client)> require 'drb/websocket'
irb(client)> c_ary = DRbObject.new_with_uri('ws://localhost:1234')
irb(client)> DRb.start_service('ws://localhost:1234/callback')
```

クライアント側でサーバーとして動かすには、URLのパスに`callback`と付けてください。これはブラウザの場合は、Webサーバーの機能をブラウザにもつことができないからです。`ws://localhost:1234/callback`というURLはサーバー側のURLになります。

サーバーとクライアントの役割を図4.2に示します。

図4.2: WebSocketのコールバック

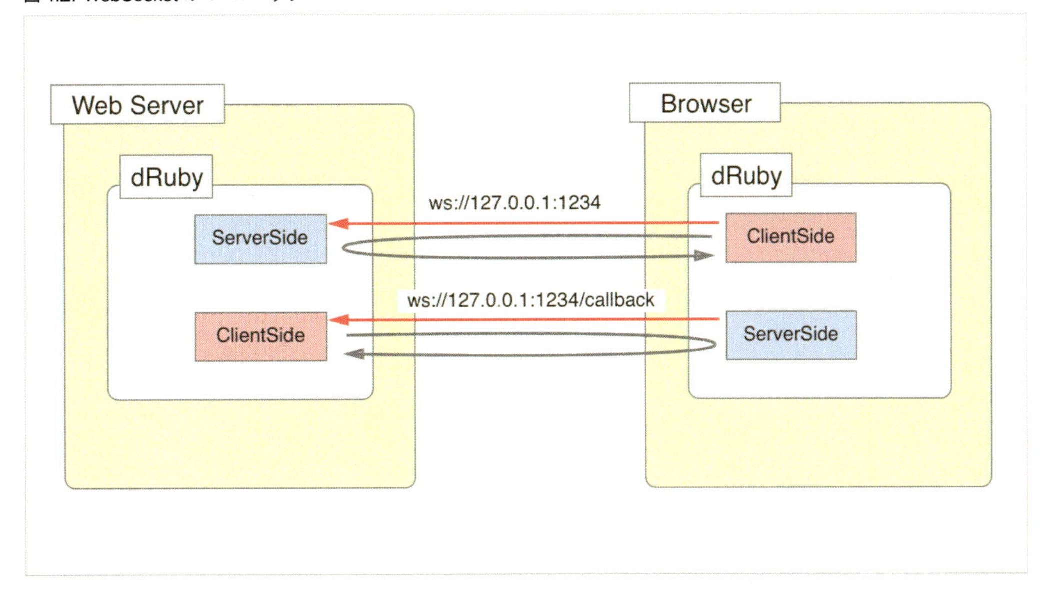

4.1.4 opal-drb

opal-drbはdRubyのOpal実装です。ブラウザからdRubyをつかって簡単なサンプルアプリを作ってみましょう。

まず、例によって、silicaで新しいプロジェクトを作りましょう。

```
$ silica new druby_on_browser
$ cd druby_on_browser
```

`Gemfile`にopal-drbを追加します。

Gemfile

```
gem 'opal-drb'
```

`bundle install`コマンドを実行したら、コードを書いていきましょう。

サンプルとして、チャットのような複数のクライアントから書きこまれたテキストをリストに表示するようなものを考えます。

ですので、まずリストが表示できるようにしましょう。

また、入力のためのインプットも必要です。`application.rb`の`render`メソッドを次のように書きかえましょう。

app/application.rb

```
def render
  div(nil, ul(nil, state[:array].map{|i| li(nil, i)}))
end
```

ここで、state[:array]は他のクライアントと共有された対話リストです。

まずstate[:array]をサーバーから取得するところから実装したいところですが、ここで通常のRubyのdRubyとでは事情が異なってきます。opal-drbではリモートメソッドの呼び出しの戻り値は必ずPromiseになります。(何故、そうなっているかは次のコラムを参考にしてください。)

JavaScriptと非同期通信

JavaScriptではサーバーとの通信など通信処理は非同期で行なわれます。それはサーバーから結果が返されるまで待ち時間が発生して、UIの動きを止めてしまわないようにという配慮です。(過去には通信待ちで処理をブロックしてしまうXHRのようなAPIもありましたが、現在ではそういうことが起きないようにという方針になっているようです。)非同期処理は主に以下の3つの方法で処理を書きます。

1. コールバック関数をつかう
2. Promiseをつかう
3. async/awitをつかう

それぞれについての詳細を説明することはこの本の範疇外なので割愛しますが、Opalの場合どうするかということを書いておきます。上記の方法は歴史的には上から順に改善が行なわれています。(1は特に所謂コールバック地獄というコールバックするたびにネストが深くなるので、避けたい方法です。)当然3の方法を使えるのが一番良いのですが、残念ながらasync/awaitは言語の機能として組み込まれていて、Rubyに言語として組み込むことが非常に困難です。ということで、必然的に2のPromiseをつかうことになります。

opal-drbではリモート呼び出しは非同期処理になります。非同期ということはメソッドを呼び出した時点(厳密には呼び出して戻ってきた時点)では結果を得ることができません。その時点では、Promiseというオブジェクトを返して、Promiseを介して結果を受けとります。Promiseは非同期処理が成功したらコールバック関数を呼びだします。このコールバック関数はPromiseのthenメソッドを呼びだして登録します。それでは、state[:array]を取得する処理をみていきましょう。

app/application.rb

```
after_mount do
  @chat = DRb::DRbObject.new_with_uri('ws://localhost:1234')
  @chat.to_a.then do |array|
    set_state(array: array)
```

```
    end
  end
```

AppViewクラス内でafter_mountでマウント後のフックを追加します。フックの中にお馴染のDRb::DRbObject.new_with_uri()を呼び出して、DRbObjectを得ます。DRbObjectはリモートオブジェクトへのスタブですので、to_aメソッドを呼び出して配列を得ます。このときにto_aメソッドから返される値は実際の配列ではなくPromiseオブジェクトになりますので、続けてthenメソッドを呼び出してコールバック関数を登録します。Opalではコールバック関数はブロックで渡しますね。コールバック関数から渡される配列をつかってステートを更新します。

ここまででは配列に要素を追加できませんので、irbからサーバーをdRubyサーバーを起動しましょう。

```
$ irb
irb(server)> require 'drb'
irb(server)> s_ary = []
irb(server)> DRb.start_service('ws://localhost:1234', s_ary)
irb(server)> s_ary << "Hello"
```

sinatraのサーバーも起動して、http://localhost:9292にアクセスしてみましょう。リストにHelloと表示されているでしょうか？次にクライアントからデータを追加するようにしましょう。画面にインプットを置いてリストを追加するようにハンドラを書きます。

renderメソッドに以下のようにインプットを追加します。

app/application.rb

```
  def render
    div(nil,
      ul(nil, state[:array].map{|i| li(nil, i)}),
      input({
        type: 'text',
        ref: 'text'
      }),
      input({
        type: 'button',
        value: '追加',
        onClick: -> { self.handle_click }
      })
    )
  end
```

handle_clickメソッドを追加して、リストを追加するようにしましょう。また、サーバーから再度リストを取得して表示を更新します。

app/application.rb

```
def handle_click
  @chat << refs['text'].value
  @c_ary.to_a.then do |ary|
    set_state(c_ary: ary)
  end
end
```

画面にインプットが表われて、リストを追加することができましたか？サーバー側でも追加されていることを確認してくださいね。

それでは、次にサーバー側でリストが追加されたことをクライアント側に通知するようにしたいと思います。そろそろirbでサーバーの起動というのも煩わしいので、dRubyのサーバーをアプリ側に組み混んでしまいましょう。drb-websocketはRackアプリに組み込むためにRack middlewareとして機能する仕組みを持っています。config.ruに以下のようにuse DRb::WebSocket::RackAppという行を追加してください。

config.ru

```
map '/' do
  use DRb::WebSocket::RackApp
  run server
end
```

サーバーから通知を受け取るためには、リモートオブジェクトにコールバックハンドラを渡す必要があります。コールバックハンドラはRubyのブロックとして渡しましょう。リモートオブジェクトにはコールバックハンドラを渡すためのメソッド用意します。次のようなChatクラスを定義しましょう。(このクラスは本来はファイルを分けておくべきでしょうが、ここでは説明を簡潔にするためにconfig.ruに置きましょう。)

config.ru

```
class Chat
  def initialize
    @array = []
    @listeners = []
  end

  def <<(item)
```

```
    @array << item
    @listeners.each{|l| l.call(@array) }
  end

  def to_a
    @array
  end

  def on_change(&block)
    @listeners << block
  end
end
```

そして、サーバーを起動するコードも追加しましょう。Webサーバーはポート9292を開いているので、WebSocketも9292番のポートで待つことにします。

config.ru

```
DRb.start_service('ws://localhost:9292', Chat.new)
```

クライアント側もポート番号を9292に変えてあげて、dRubyサーバーとしての設定とコールバックハンドラの追加をしましょう。

app/application.rb

```
  after_mount do
    @chat = DRb::DRbObject.new_with_uri('ws://localhost:9292')
    DRb.start_service('ws://localhost:9292/callback')
    @chat.on_change do |array|
      set_state(array: array)
    end
    @chat.to_a.then do |array|
      set_state(array: array)
    end
  end
```

ブラウザを2つ起動して、双方からリストに文字列を追加してみましょう。ちゃんと同期されましたか？

このように、dRubyを使えばブラウザ間で同期された処理をすることができます。Google Appsなど共同編集するようなアプリを見たことがあるでしょう。そのような共同編集アプリを作るための基本的なテクニックを示すことができたかと思います。(他にも編集が競合しないようにロックするなどのテクニックが必要になりますが、オブジェクトとして扱えることはこのような高度なテクニックに対応する際にも有効です。)

筆者の今後の目標としては、このような共同編集のアプリなどにdRubyを応用することです。いつの日か日の目を見ることを期待していてくださいね。

第5章　Opalの活用事例

最後の章はOpalの活用事例を2つ紹介しましょう。

一つは@yharaさんから寄稿していただいた、ICFPCというプログラミングコンテストでの可視化部分でのOpalの活用です。@yharaさんはDXOpalというゲームをつくるためのライブラリを作っていらっしゃいます。この活用事例でもDXOpalをつかって可視化しています。

もうひとつは、私のつくったGibierというプレゼンテーションツールです。GibierもRubyKaigiのためにつくって、過去3回の登壇で必ずつかっています。自分で使う分には大分つかいやすくなったと思いますので、ぜひ他の方にも使ってもらいたいなと思っています。

5.1 【寄稿】ICFPCビジュアライザ

原　悠(yhara)[1]

本稿ではOpalの活用事例として、ICFP Programming Contest用のビジュアライザについて紹介します。

5.1.1 ICFPCとは

ICFPC（ICFP Programming Contest）は、ICFPという関数型言語の学会が主催しているプログラミングコンテストで、毎年凝った問題が出題されることで有名です。出題も提出もオンラインで行われるため、世界の好きな場所から参加することができます。またチームメンバーの人数に制約がなく、筆者はいつも会社[2]の有志で参加しています。使用するプログラミング言語に制限はありませんが、弊社チームはいつもRubyを使っています。

5.1.2 Lambda punter

そんなICFPCの今年の問題[3]は「Lambda punter」でした。街の水路に沿って「λ」なる資源を運ぶという設定の対戦ゲームで、水路をうまく確保してたくさんのλを運んだチームが勝利となります。一回のゲームは2～16チームが参加し、1ターンごとに順番に確保したい水路を宣言していきます。大きなマップでは1万個近くの水路が存在するため、効率よく計算する必要

1.http://yhara.jp

2.(株) ネットワーク応用通信研究所 http://netlab.jp

3.https://icfpcontest2017.github.io/

があります。

5.1.3　ビジュアライザ

3日間の会期中はテスト用の対戦サーバが用意され、そこに手元のプログラムから接続すると他のチームのAIと対戦できるようになっていました。ただし対戦結果はサーバ上では見ることができないので、ゲームがどのように進行したかを知るためには、対戦中に手元に送られてくるゲーム情報を保存しておき、自分で可視化する必要があります。

5.1.4　どのように可視化するか

ICFPCでは毎年複雑な問題が出るので、プログラムの進行状況を可視化したいケースはよくあります。例年はRuby/SDLを使ったり、chunky_png gemでpng画像を出力したりしていましたが、今回はブラウザを使った可視化ができたらいいなと思いました。理由は、なんとなくかっこいいからというのが最大の理由ですが、一応以下のようなメリットがあるかもしれません。

- 大会後、ソースコードを公開する時に便利（触ってもらいやすい）
- CIなどと組み合わせたWeb UIを作るときに組み込みやすい[4]

5.1.5　Opalでビジュアライザを書く

ブラウザで可視化をする、言語はRuby、となれば使うのはもちろんOpalです。問題は描画にOpalのどのライブラリを使うかですが、今回は筆者がちょうどDXOpal[5]というライブラリを作っていたため、それを使うことにしました。DXOpalはOpalでゲームを作るためのライブラリですが、Canvasへの描画ができるので、簡単なビジュアライゼーションにも使うことができます。

実際に動かしてみたのが図6.1です。ソースコードはGitHub[6]にあります。起動直後はゲーム終了時の状態が表示されていますが、カーソルキーを押すことでターン毎のゲーム経過を追うことができます。

---

4. 弊チームは全３日間のうち土日の２日間しか参加しない気楽なチームなのでそこまでは出来ていませんが、最上位陣は https://twitter.com/imos/status/894559938898386944 みたいな感じのようです
5. https://yhara.github.io/dxopal/
6. https://github.com/NaCl-Ltd/yarunee2017/

図6.1: ブラウザでビジュアライズ

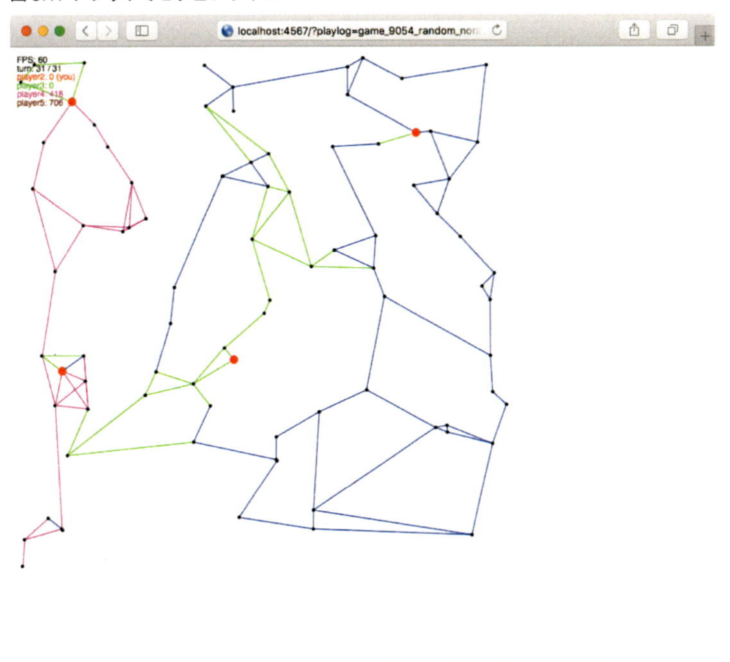

5.1.6 Sinatra側の実装

ビジュアライザを起動するには、visualizer/app.rbを実行します。これはSinatraで書かれています。中身はほぼindex.erbを表示するだけですが、ゲーム結果を保存したファイルを読み込む処理もここで行っています。読み込んだデータはJSON形式でerb内に埋め込み、あとでOpal側から読み出します。

5.1.7 Opal側の実装

ビジュアライザ本体(`visualizer/public/main.rb`)は127行ととてもコンパクトです。いくつかポイントを解説します。

```
require 'dxopal'
include DXOpal
Window.width = 1000
Window.height = 600
```

最初にDXOpalモジュールをincludeしています。これによって、`DXOpal::Window`などのクラスを単にWindowと書けるようになります。このへんは好みだと思いますが、DXOpalが参考にしたDXRubyというライブラリがこのような慣習であるためそれにならっています。

```
mapData = ‘window.mapData‘
```

ここではerbに埋め込んだゲーム結果データを受け取っています。Rubyではバッククオートをコマンド実行に使いますが、Opalはこの文法をJavaScript埋め込み記法として再利用しています。Opal内ではバッククオートまたは‘%x{}‘で囲んだ部分だけJavaScriptを直接書くことができます。

```
Window.load_resources do
  Window.loop do
    Window.draw_box_fill(0, 0, Window.width, Window.height, [255,
255, 255])
```

このあたりがメインループです。DXOpalはゲーム用のライブラリなので、Window.loopに渡したブロックが1秒に60回実行されるという仕様になっています。draw_box_fillは画面に長方形を描画する命令で、ここでは毎フレームの最初にcanvas全体を白で塗りつぶしています。

load_resourcesは事前にImage.registerやSound.registerで登録した画像・音声ファイルを読み込んでからブロックを実行する、という命令です。これはオリジナルのDXRubyには存在しないメソッドです。DXOpalではできるだけDXRubyのAPIをそのまま移植するようにしていますが、外部ファイルの読み込みはJavaScriptを使う都合上、非同期にならざるを得ないので、このような仕様にしています。

```
    if Input.key_push?(K_RIGHT)
      turn_num += 1 if turn_num < end_turn
    end
    if Input.key_push?(K_LEFT)
      turn_num -= 1 if turn_num > 0
    end
```

カーソルキーの入力を検知する部分です。key_push?はキーが押下されたときに1回だけtrueを返すメソッドです（類似のものにkey_press?があり、こちらはキーが押されている間ずっとtrueを返し続けます）。

```
      edges = Hash.new(mapData.JS["edges"])
      mapData.JS["game_progress"][0..turn_num].each do |turn|
        moves = ‘turn["move"]["moves"]‘
```

ここではあるターンにおけるゲーム状態を求めています。mapDataに各ターンのプレイヤーの行動が納められているので、‘0..turn_num‘で現在のターンまでの行動一覧を切り出し、それぞれの水路を誰が獲得したのかをハッシュedgesに保存しています[^S]。

このように使い慣れたHashやRangeを用いてブラウザで動くプログラムが書けるのが、Opalの良いところだと感じます。

`.JS[]`という記法はメソッド呼び出しではなくOpal固有の文法で、ある変数に「JavaScriptのオブジェクト」が入っているときに、そのオブジェクトのプロパティを取り出すために使います(単に`mapData["edges"]`と書くとmapDataに対してRubyの`[]`メソッドを呼び出すという意味になってしまう)。`.JS[]`を使うと、JavaScriptのオブジェクトをOpalからシームレスに操作することができます。

```
      # 辺を描画
      edges_img.box_fill(0, 0, Window.width, Window.height, [255,
255, 255])
      edges.each do |src, tgts|
        tgts.each do |tgt, owner|
          x1 = `(nodes[src][0] - min_x) * scale` + MARGIN
          y1 = `(nodes[src][1] - min_y) * scale` + MARGIN
          x2 = `(nodes[tgt][0] - min_x) * scale` + MARGIN
          y2 = `(nodes[tgt][1] - min_y) * scale` + MARGIN
          edges_img.line(x1, y1, x2, y2, COLORS[owner.to_i])
        end
      end
    end
    Window.draw(0, 0, edges_img)
```

ここでは上で計算した水路の獲得状況を画像にしています。さすがにたくさんの水路をフレーム毎に描画すると重たかったので、カーソルキーが押されたタイミングでedges_imgというImageオブジェクトにいったん描画し、次にカーソルキーが押されるまではその画像を丸ごと画面に転送する(Window.draw)という形にしています。[7]

5.1.8 まとめ

今回はICFPCというプログラミングコンテストでプログラムの状態を可視化するものをOpalで書いたという事例を紹介しました。筆者はJavaScriptは特に嫌いではないですが、Rubyが一番使い慣れていて速く書けるのは間違いないので、ブラウザで動くプログラムをRubyで書けるOpalは重宝しています。特に近年はElectronやReact NativeなどJavaScriptの適用範囲が広がっており、そういう意味でもOpalは注目の技術なのではないでしょうか。

7. 起動時に各ターンの状況を事前に計算しておくという実装も考えられますが、今回は性能にそれほど問題がなかったので、カーソルキーが押されるたびに現ターンの状況を計算する作りになっています。

5.2 プレゼンテーションツール「Gibier」

ここではHyaliteを使った事例として、プレゼンテーションツール「Gibier」（ジビエ、と読みます）を紹介します。

5.2.1 Gibierの特徴

Gibierには以下の特徴があります。

・Gibierはブラウザで動くプレゼンテーションツールです。

・Markdownでスライドを記述することができます。

・GitHub Pagesにデプロイすることができます。

GibierはRabbitという別のRuby製のプレゼンテーションツールにインスパイアされてつくりました。多くのRubyistがRabbitをつかってプレゼンテーションをしているので、それがよいなと思いつくったものです。Opalist（？）はぜひGibierをつかってプレゼンテーションをしてほしいなと思います。

5.2.2 Gibierのつかいかた

Gibierのつかいかたを説明します。まずはインストールですが、いつもどおりに`gem install`しましょう。

```
$ gem install gibier
```

つぎにスライドのプロジェクトをつくります。

```
$ gibier new sample-slide
```

Gibierはスライドの作成時にはローカルサーバーを立ち上げ、リアルタイムに編集を反映することができます。それではサーバーを起動してみましょう。

```
$ cd sample-slide
$ bundle install
$ be rackup
```

`http://localhost:8080`にアクセスしてみてください。

インデックスページのリンクをクリックするとスライドがはじまります。

図7.1: スライド

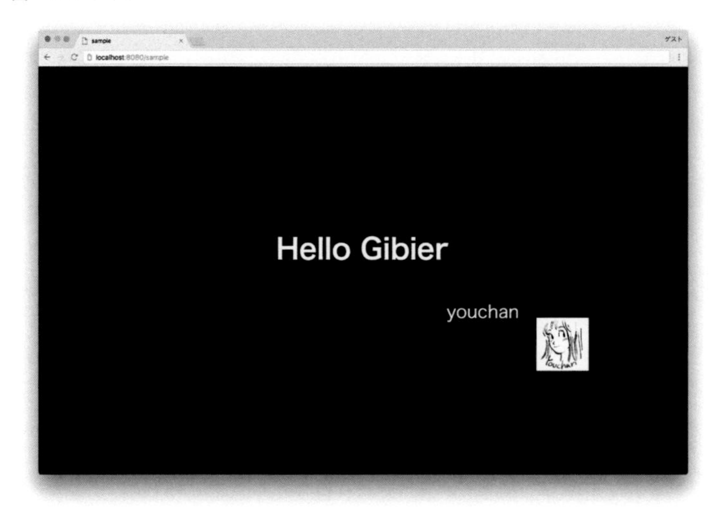

このスライドはサンプルのためのスライドです。スライドのmarkdownの書式が一通り書いてありますので見てみましょう。

また、sキーを押すとハンターとうさぎの追い掛けっこがはじまります。あなたがうさぎなのでハンターから逃げてくださいね。ハンターはタイムキーパーですので、ハンターに追いこされているときには時間が足りないということです。

Gibierではスライドの外見をCSSで調整するように作られています。スライドのカスタムのスタイルは`data/sample/css/custom.css`というファイルに書いていきます。たとえば背景の画像を変更するには、以下のように記述します。

custom.css

```
.background {
  background-image: url('../images/background.png');
}
```

5.2.3 GitHub Pagesにデプロイ

プログラマはソースコードをバージョン管理しますね。今ならgitをつかうでしょう。では、みなさんはプレゼンテーションのスライドはどうしていますか？スライドもgitで管理できたらいいですよね。GibierはMarkdownで書きますので、もちろんgitでのバージョン管理が可能です。

それをそのままGitHub Pagesとして公開することができればさらにうれしいですね。

GibierにはGitHub Pagesにスライドを公開するための機能があります。スライドが完成したら、次のコマンドを実行しましょう。

```
$ gibier static
```

これでdocsディレクトリの下にスライドのスタティックページが作られます。GitHubではdocsディレクトリの下にあるスタティックなhtmlファイルをGitHub Pagesとして公開することができるようになっています。GitHubのリポジトリをつくってスライドのプロジェクトをpushしておきましょう。

GitHubリポジトリの設定ページ(Gibierのリポジトリでは、`https://github.com/youchan/gibier/settings`になります）を開いて、docsディレクトリ（フォルダ）をGitHubページとして公開しましょう。

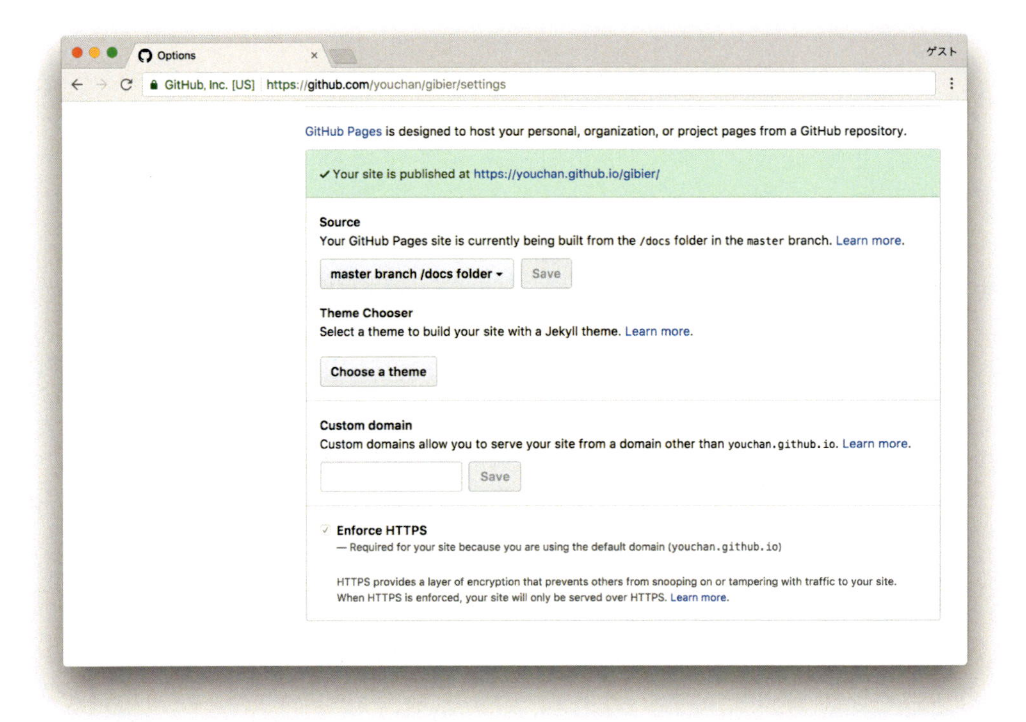

5.2.4　Gibierのしくみ

Gibierはサーバーでhtmlファイルを提供する方法とスタティックなHTMLファイルを提供する方法とがあります。まずはサーバーのしくみを見ていきましょう。

Gibierのサーバーは起動すると、まずMarkdownファイル（`slide.md`）をコンパイルしてスライドをレンダリグするRubyのソースコード（`pages.rb`）を生成します。Rubyのソースコードは他のものと一緒にOpalでJavaScriptに変換されます。また、HTMLファイルもhamlファイルから変換されます。これらの変換作業はサーバーサイドではSprocketsというソフトウェアで実現されます。

図 7.3: Gibier サーバーのしくみ

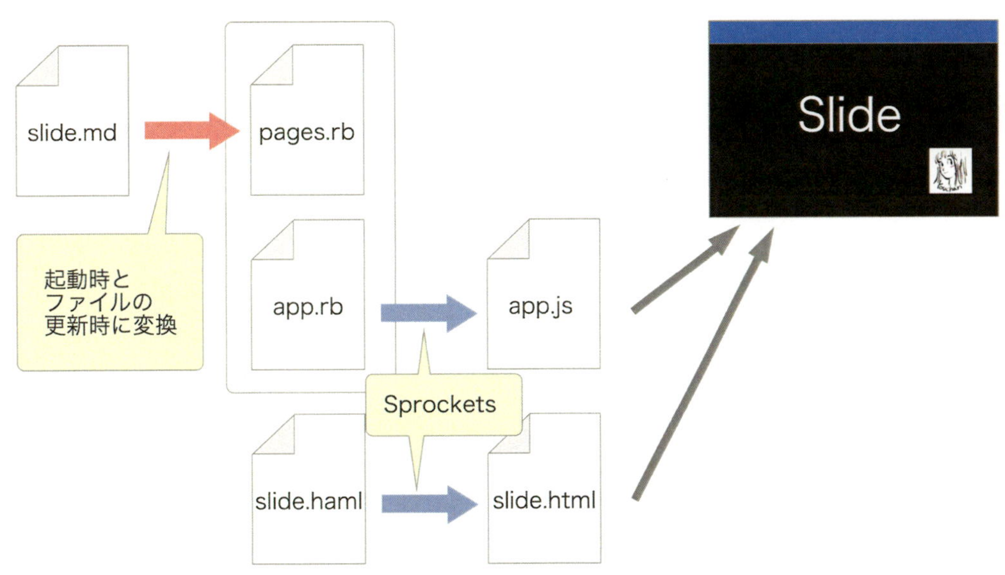

slide.hamlは次のようにとても小さなファイルです。実際にスライドをレンダリングするのはpages.rbです。そしてpages.rbはHyaliteのコンポーネントとしてつくられています。

slide.haml

```
!!!
%html(lang="en" data-framework="hyalite")
  %head
    %meta{charset:"utf-8"}
    %title Index of slides

  %body
    %h1 Index of slides
    %section
      %ul
        - @slides.each do |slide|
          %li
            %a{href: slide[:name]}= "[#{slide[:name]}]
\"#{slide[:title]}\""
```

あとがき

「Pragmatic Opal」いかがでしたでしょうか？

この本を読んで、Opalを好きになってくれる人が一人でもいてくだされば、この本を書いた甲斐があったというものです。

この本の執筆をはじめたのはRubyKaigi2017が終わった2017年9月の下旬からです。技術書典3が10月22日でしたので、1ヶ月あまりの期間でこの本を書いたことになります。「はじめに」に書いたとおり2016年のアドベントカレンダーに記事が書き貯めてあるので大丈夫だろう……という目論見でした。ところがアドベントカレンダーと記事を読みくらべていただければ分かりますが、実はほとんどが書きおろしであったり、修正が加えられています。やはりブログのために書いた文章と、1冊の本にまとめた文章とではまったく異なるものになるなということと、1年前とはライブラリのバージョンもあがり、コードの書きなおしが必要だったりしました。

また、商業版の出版にあたっては、技術書典版では掲載を見送った「dRuby on Browser」に関する記載も加筆することができました。（実はプログラムに問題があったため掲載することができなかったのでした。）

なにはともあれ、こうして苦労して一冊の本を書きあげることができました。すこしでもみなさまのお役に立てたら幸いです。

2018年2月22日 大崎 瑶

著者紹介

大崎 瑶（おおさき よう）

2000年筑波大学大学院電子情報工学専攻博士前期課程修了。株式会社レトリバ エンジニア。未踏ソフトウェア創造事業 2003年度、2004年度前期に採択。2014年にJavaからRubyに転向し、現在はRubyKaigiに登壇するなどRubyistとして活躍している。

◎本書スタッフ
アートディレクター/装丁：岡田章志＋GY
編集協力：飯嶋玲子
デジタル編集：栗原 翔

技術の泉シリーズ・刊行によせて

技術者の知見のアウトプットである技術同人誌は、急速に認知度を高めています。インプレスR&Dは国内最大級の即売会「技術書典」（https://techbookfest.org/）で頒布された技術同人誌を底本とした商業書籍を2016年より刊行し、これらを中心とした『技術書典シリーズ』を展開してきました。2019年4月、より幅広い技術同人誌を対象とし、最新の知見を発信するために『技術の泉シリーズ』へリニューアルしました。今後は「技術書典」をはじめとした各種即売会や、勉強会・LT会などで頒布された技術同人誌を底本とした商業書籍を刊行し、技術同人誌の普及と発展に貢献することを目指します。エンジニアの“知の結晶”である技術同人誌の世界に、より多くの方が触れていただくきっかけになれば幸いです。

株式会社インプレスR&D
技術の泉シリーズ　編集長　山城 敬

●本書の内容についてのお問い合わせ先
株式会社インプレスR&D　メール窓口
np-info@impress.co.jp
件名に「『本書名』問い合わせ係」と明記してお送りください。
電話やFAX、郵便でのご質問にはお答えできません。返信までには、しばらくお時間をいただく場合があります。なお、本書の範囲を超えるご質問にはお答えしかねますので、あらかじめご了承ください。
また、本書の内容についてはNextPublishingオフィシャルWebサイトにて情報を公開しております。
http://nextpublishing.jp/

●落丁・乱丁本はお手数ですが、インプレスカスタマーセンターまでお送りください。送料弊社負担にてお取り替えさせていただきます。但し、古書店で購入されたものについてはお取り替えできません。
■読者の窓口
インプレスカスタマーセンター
〒101-0051
東京都千代田区神田神保町一丁目105番地
TEL 03-6837-5016／FAX 03-6837-5023
info@impress.co.jp
■書店／販売店のご注文窓口
株式会社インプレス受注センター
TEL 048-449-8040／FAX 048-449-8041

技術の泉シリーズ

Pragmatic Opal

Rubyで作るブラウザアプリケーション開発ガイド

2018年3月23日　初版発行Ver.1.0（PDF版）
2019年4月5日　Ver.1.1

著　者　大崎 瑶
編集人　山城 敬
発行人　井芹 昌信
発　行　株式会社インプレスR&D
〒101-0051
東京都千代田区神田神保町一丁目105番地
https://nextpublishing.jp/
発　売　株式会社インプレス
〒101-0051　東京都千代田区神田神保町一丁目105番地

印刷・製本　京葉流通倉庫株式会社
Printed in Japan

ISBN978-4-8443-9814-1

NextPublishing®
●本書はNextPublishingメソッドによって発行されています。
NextPublishingメソッドは株式会社インプレスR&Dが開発した、電子書籍と印刷書籍を同時発行できるデジタルファースト型の新出版方式です。https://nextpublishing.jp/